输变电工程
岩土勘察指导手册

国网河北省电力有限公司经济技术研究院
河北汇智电力工程设计有限公司　组编

中国电力出版社
CHINA ELECTRIC POWER PRESS

内 容 提 要

通过不断总结岩土工程勘察设计经验和教训，结合输变电工程初步设计评审中归纳总结的岩土勘察常见问题，编写完成《输变电工程岩土勘察指导手册》。

本书共 6 章，分别为输变电工程岩土勘察基础、变电站工程勘察、架空线路工程勘察、电缆线路工程勘察、岩土工程勘察报告编制和岩土工程勘察质量控制。

本书可供从事输变电工程勘察设计专业、项目建设管理人员等使用。

图书在版编目（CIP）数据

输变电工程岩土勘察指导手册 / 国网河北省电力有限公司经济技术研究院，河北汇智电力工程设计有限公司组编. —北京：中国电力出版社，2022.9
ISBN 978-7-5198-6392-0

Ⅰ. ①输… Ⅱ. ①国… ②河… Ⅲ. ①输电–电力工程–岩土工程–地质勘探–技术手册②变电所–电力工程–岩土工程–地质勘探–技术手册 Ⅳ. ①TM7-62②TM63-62

中国版本图书馆 CIP 数据核字（2022）第 001775 号

出版发行：中国电力出版社
地　　址：北京市东城区北京站西街 19 号（邮政编码 100005）
网　　址：http://www.cepp.sgcc.com.cn
责任编辑：罗　艳（yan-luo@sgcc.com.cn，010-63412315）
责任校对：黄　蓓　常燕昆
装帧设计：张俊霞
责任印制：石　雷

印　　刷：三河市百盛印装有限公司
版　　次：2022 年 9 月第一版
印　　次：2022 年 9 月北京第一次印刷
开　　本：710 毫米×1000 毫米　16 开本
印　　张：10
字　　数：163 千字
印　　数：0001—1000 册
定　　价：58.00 元

《输变电工程岩土勘察指导手册》
编 委 会

前　言

　　输变电工程勘察是电网工程规划、设计、建设的重要基础性工作，完备、全面的岩土勘察资料是保证工程建设周期、规避施工风险、降低工程造价、保护周边环境的基础。

　　为进一步加强勘测专业管理，强化全过程、专业化、精益化管控，全面夯实设计管理基础，充分发挥技术标准对电网规划、建设等业务的支撑作用，不断提升电网建设的安全质量、效率效益，组织编制《输变电工程岩土勘察指导手册》（简称《手册》）。《手册》主要适用于 220kV 及以下输变电工程，可以帮助电力行业勘察设计人员对工程项目进行科学化、规范化管理，保证岩土工程勘察设计质量，节约工程建设投资。同时也可以帮助勘察设计人员提高对项目勘察认知水平，加强专业知识储备，保障勘测质量及勘测深度。

　　《手册》分为输变电工程岩土勘察基础、变电站工程勘察、架空线路工程勘察、电缆线路工程勘察、岩土工程勘察报告编制、岩土工程勘察质量控制共六章，可满足变电站新建工程、架空线路、电缆线路工程可行性研究、初步设计、施工图设计各阶段的岩土工程勘察要求。《手册》中全面介绍了各阶段的勘察任务、方案布设、试验情况、报告内容及图表要求。

　　本手册在编写及审查、校对过程中得到国网河北省电力有限公司、国网经济技术研究院有限公司、中国电建集团河北省电力勘测设计研究院有限公司、河北卓奥电力工程设计有限公司有关专家的帮助和指导，在此深表感谢。

　　本手册有参考文献，编者特向这些参考文献的作者们深表谢意。

　　鉴于编写人员水平有限、编制时间仓促，书中难免有不妥或疏漏之处，敬请广大读者批评指正。

编者

2022 年 4 月

目　录 |

第一章　输变电工程岩土勘察基础

输变电工程岩土勘察是保证工程建设周期、规避施工风险、降低工程造价、保护周边环境的基础。岩土工程勘察的目的主要是查明建设工程场地的工程地质条件，分析存在的地质问题，对建设场地、建（构）筑物地基等做出工程地质评价。

岩土工程勘察的内容主要有工程地质调查和测绘、勘探及采取土试样、原位测试、室内试验、现场检验及检测，最终根据以上几种或全部手段，对建设场地工程地质条件进行定性或定量分析评价，编制满足不同阶段所需的成果报告文件。

第一节　输变电工程基础知识

输变电工程是输电线路建设和变压器安装工程的统称。输变电工程项目的建设主要包含两大部分内容，即变电站的建设和输电线路建设。

变电站是电力系统中对电压和电流进行变换，接受电能及分配电能的场所。为了把发电厂发出来的电能输送到较远的地方，必须把电压升高，变为高压电，到用户附近再按需要把电压降低，这种升降电压的工作靠变电站来完成。

输电线路即为输送电能的线路，为发电厂向电力负荷中心输送电能的线路以及电力系统之间的联络线，多架设于变电站与变电站之间。

一、变电站部分

在电力系统中，变电站是输电和配电的集结点，是电力系统中变换电压、接受和分配电能、控制电力的流向和调整电压的电力设施，它通过其变压器将各级电压的电网联系起来。

（1）按变电站的电压等级等条件，变电站一般分为以下四类：

1）一类变电站。是指交流特高压站，核电、大型能源基地（300MW 及以上）外送及跨（华北、华中、华东、东北、西北）联络 750kV/500kV/330kV 变电站。

2）二类变电站。是指除一类变电站以外的其他 750kV/500kV/330kV 变电站，发电厂外送变电站（100MW 及以上、300MW 以下）及跨省联络 220kV 变电站。

3）三类变电站。是指除二类以外的 220kV 变电站，电厂外送变电站（30MW 及以上、100MW 以下）的变电站。

4）四类变电站。是指除一类、二类、三类以外的 35kV 及以上变电站。

（2）变电站还可以按以下进行分类：

1）按照作用分类：升压变电站、降压变电站或者枢纽变电站、终端变电站等。

2）按管理形式分类：有人值班的变电站、无人值班的变电站。

3）按照结构形式室内外分类：户外变电站、户内变电站。

4）按照地理条件分类：地上变电站、地下变电站。当常规建设在地面上的变电站无法建设或有特殊要求时，需将整体或局部建设在地下的变电站称为地下变电站，分为全地下变电站和半地下变电站。

变电站根据地质条件、建（构）筑物结构形式的不同采用相应的基础型式，常用的基础型式有独立基础、条形基础、筏板基础、桩基础。

二、线路部分

输电线路按结构形式分有架空线路和电缆线路两种。

架空线路由于架设在地面之上，架设及维修比较方便，成本较低，但容易受到气象和环境（如大风、雷击、污秽、冰雪等）的影响而引起故障，同时整个输电走廊占用土地面积较多，易对周边环境造成电磁干扰。

架空输电线路主要由导线、避雷线（架空地线）、绝缘子、金具、杆塔、基础、接地装置等组成。架空线路杆塔一般可分为耐张塔和直线塔。

架空线路杆塔基础型式的选取应根据塔位处的地形、地貌、杆塔结构形式和施工条件等特点，本着确保杆塔安全可靠、节约材料、降低工程造价的原则经综合比较后确定。架空线路的基础型式大体可分为开挖式基础、装配式基础、桩基础、岩石基础等型式。

电缆线路不易受雷击、自然灾害及外力破坏，供电可靠性高，但电缆的制造、施工、事故检查和处理较困难，工程造价也较高。

电缆线路主要由电缆、附件、附属设备及附属设施组成。附属设施主要包括电缆隧道、电缆竖井、排管、工井、电缆沟、电缆桥架、电缆终端站等设施。

电缆附属设施建设应根据城市规划和电网规划（工程规模、电压等级等）、功能要求、自然条件等因素，结合消防、环保、节能等要求，合理进行通道路径选择、截面选取，充分考虑使用功能要求和安全可靠性，积极采取各项经济可行的节能措施，并与周围环境相协调。

第二节　岩土工程勘察概述

岩土工程勘察是指根据工程建设要求，查明、分析、评价建设场地的地质环境特征和岩土工程条件，编制岩土工程勘察文件的活动。岩土工程勘察根据工程勘察任务书中主要内容及技术要求开展相关勘察工作，需统筹设计、测量、物探等相关专业实现协同设计、信息共享。

一、岩土工程勘察目的和任务

输变电工程岩土勘察的目的是根据各阶段勘察大纲，逐步查清电力工程建设项目所属工程场地的地质构造、岩土结构、岩土性质、地下水、不良地质作用等工程地质条件，并查清影响建设工程场地的人类活动影响，为岩土体整治和利用提供依据。

岩土工程勘察的任务是按照不同的设计阶段的要求，正确反映建设场地的工程地质条件及岩土体工程性质，并结合工程设计、施工以及地基处理等工程条件的具体要求，进行技术论证和评价，提交处理岩土工程问题及解决问题的决策性建议，并提出地基基础、基坑、边坡等工程设计准则和岩土工程施工的指导性意见，为设计、施工等提供依据，服务于工程建设全过程。岩土工程勘察任务主要包括以下几点：

（1）查明拟建场地岩土体的地质时代，成因类型、地层的成层规律及分布、地形、地貌特征，划分地貌单元。

（2）评价场区地震效应；划分场地土类别，明确项目建设地区基本地震烈度，判定饱和砂土、粉土的液化，计算可液化土层的液化指数、判定液化等级，液化层厚度及深度，并提出相应处理措施。

（3）查明岩土体的物理力学性状，确定岩土体的承载力特征值及设计所需的岩土体物理力学参数。

（4）查明不良地质现象，特殊岩土体分布范围，成因类型，发育规律及对工程活动可能引起的不良地质现象的预测，并提出处理措施及建议。

（5）查明地下水的特征，及水、土对建筑材料的腐蚀性。

（6）对基坑开挖边坡的稳定性进行分析评价，并应给出支护方案的建议。

（7）对拟建输变电工程岩土性质作出工程地质评价，给出地基基础方案建议和对场地的稳定性和适宜性做出结论。

（8）结合岩土工程地质条件及拟建输变电工程特点提出经济、合理、安全适宜的岩土体利用或整治方案建议。

二、岩土工程勘察技术准则

岩土工程勘察是电力工程建设的一个重要环节，勘察成果是电力工程建设项目岩土工程设计和施工等的重要依据。在进行岩土工程勘察时，应把握以下主要技术准则：

（1）各勘察阶段岩土工程勘察大纲的编制首先要符合勘察任务书或委托书的技术要求，了解或收集不同电力工程建设项目建（构）筑物特点及地基基础设计意图，明确各勘察阶段的勘察目的和需要解决的岩土工程问题。在搜集分析已有资料的基础上，根据电力工程建设项目的实际情况进行现场踏勘调查。在对建设项目工程场地的工程地质条件取得基本认识的基础上，编制各勘察阶段有针对性的勘察大纲。

（2）对地基基础方案或岩土利用与整治方案的分析评价，以工程地质条件和岩土工程特性为依据，吸取电力行业类似建设工程及当地建筑经验，综合考虑不同建（构）筑物的荷载特点、结构类型、材料供应及施工条件等，经多种不同地基基础方案比较，推荐安全、可靠、经济、合理的地基基础方案，同时还要考虑建设场地环境保护的相关要求。

（3）架空输电线路路径较长，岩土参数的分析，要注意岩土参数的非均匀性与各向异性，以及岩土参数随工程环境变化而可能产生的变异。岩土参数宜通过不同的试验手段进行测试，并在综合分析的基础上提供岩土性质指标推荐值。

（4）岩土工程分析与评价应注重理论与实际经验相结合，充分利用工程地质学、土力学、岩体力学、水文地质学、地基与基础等多学科知识，在定性与定量分析相结合的基础上进行。

（5）岩土工程勘察报告应在岩土工程分析与评价的基础上，提供岩土工程设计、施工等需要的合理岩土参数，对相应的岩土工程问题进行客观分析评价，特别应对地基基础方案和岩土工程治理方案等提出合理建议。

三、岩土工程勘察基本要求及程序

输变电工程岩土勘察一般分为可行性研究阶段勘察、初步设计阶段勘察、施工图设计阶段勘察三个阶段。对于工程地质条件简单的一般输变电工程，在建筑布置和路径塔基方案确定的条件下，可适当简化勘察阶段。当进行一次性勘察时，勘察成果应满足施工图阶段勘察深度要求。

当输变电工程建设场地工程地质条件十分复杂时，虽按规定要求进行了施工图设计阶段勘察，但勘察精度仍难满足设计和施工要求，或因设计方案、施工工艺方法变动需进行相应施工勘察时，应针对具体要求和存在的问题开展施工勘察。施工勘察是对于地质条件复杂或有特殊施工要求的建（构）筑物，需要在施工过程中进一步查明工程地质条件而进行的专项勘察。

输变电工程岩土勘察项目启动与策划主要包括以下内容：勘察任务的接受、勘察技术指导书的编制、资料收集与现场踏勘、勘察大纲编写、勘察大纲学习；项目实施主要包括：项目外业施工、土工试验等试验、内业资料分析及整理；岩土工程勘察成果校核；岩土工程勘察报告的交付；后期现场服务。

四、岩土工程勘察常用方法

岩土工程勘察常用的方法或技术手段有以下四种：

1. 工程地质测绘

工程地质测绘一般在项目的可行性研究或初步设计阶段进行。工程地质测绘的目的是研究拟建场地的地层、岩性、构造、地貌、水文地质条件和不良地质作用，为选址选线和勘察方案布置提供依据。在地形地貌和地质条件较复杂的场地，必须进行工程地质测绘；但对地形平坦、地质条件简单且较狭小的场地，则可采用工程地质调查代替工程地质测绘。工程地质测绘是认识场地工程地质条件最经济、最有效的方法，高质量的测绘工作能相当准确地推断地下地质情况，起到有效地指导其他勘察方法的作用。

2. 勘探与取样

勘探与取样是保证岩土工程质量的两个关键环节，在岩土工程勘察外业中做好取样工作，确保岩土工程后续工作的顺利开展。

勘探工作包括物探、钻探和坑探等各种方法。它用来调查地下地质情况，并且可利用勘探工程取样、进行原位测试和监测。勘探工作应根据勘察目的及岩土的特性选用上述各种勘探方法。

物探是一种间接的勘探手段，常常与测绘工作配合使用。它又可作为钻探和坑探的先行或辅助手段。但是，物探成果判释往往具有多解性，方法的使用又受地形条件等的限制，其成果需用钻探和坑探来验证。

钻探和坑探均是直接勘探手段，能可靠地了解地下地质情况。其中钻探工作使用最为广泛，可根据地层类别和勘察要求选用不同的钻探方法。当钻探方法难以查明地下地质情况时，可采用坑探方法。勘探工程一般都需要动用机械和动力设备，耗费人力、物力较多，而且受到许多条件的限制。

3. 原位测试与室内试验

原位测试与室内试验的主要目的是为岩土工程问题分析评价提供所需的技术参数，包括岩土的物性指标、强度参数、固结变形特性参数、渗透性参数和应力、应变时间关系的参数等。原位测试一般都借助于勘探工程进行，是一种勘察方法。

原位测试与室内试验相比，各有优缺点。原位测试的优点是：试样不脱离原来的环境，基本上在原位应力条件下进行试验；所测定的岩土体尺寸大，能反映宏观结构对岩土性质的影响，代表性好；试验周期较短，效率高；尤其对难以采样的岩土层仍能通过试验评定其工程性质。缺点是：试验时的应力路径难以控制；边界条件也较复杂；有些试验耗费人力、物力较多，不可能大量进行。室内试验的优点是：试验条件比较容易控制（边界条件明确，应力应变条件可以控制等）；可以大量取样。主要的缺点是：试样尺寸小，不能反映宏观结构和非均质性对岩土性质的影响，代表性差；试样不可能真正保持原状，而且有些岩土也很难取得原状试样。

室内试验在岩土工程勘察设计中占有重要的地位，它们是揭示岩土体的特性，进行岩土体定名、分层的重要依据之一。

（1）常规试验项目。各类工程均应测定下列土的分类指标和物理性质指标。

1）砂土：颗粒级配、比重、天然含水量、天然密度、最大和最小密度。

2）粉土：颗粒级配、液限、塑限、比重、天然含水量、天然密度和有机质含量。

3）黏性土：液限、塑限、比重、天然含水量、天然密度和有机质含量。

4）膨胀土：除应测定土的常规指标外，尚应测定自由膨胀率及一定压力下的膨胀率（通常采用 50kPa）、收缩系数和膨胀力等指标，其试验方法和标准按《膨胀土地区建筑技术规范》（GB 50112）执行。

5）湿陷性黄土：除应测定土的常规指标外，尚应测定黄土的湿陷系数、自重湿陷系数和湿陷起始压力，其试验方法和标准按《湿陷性黄土地区建筑标准》（GB 50025）执行。

对于土的压缩固结试验，其最大压力应大于土的有效自重应力与附加压力之和，试验成果可用 $e-p$ 曲线整理，压缩系数和压缩模量的计算应取自土的有效自重压力至土的有效自重压力与附加压力之和的压力段。

对于土的剪切试验（直接剪切试验和三轴剪切试验）应根据工程需要测定，且应根据地质条件及工程需要确定剪切试验的方法。

岩石的成分和物理性质试验可根据工程需要选定，岩石试验的项目包括：岩矿鉴定、颗粒密度和块体密度试验、吸水率和饱和吸水率试验、耐崩解性试验、膨胀试验、冻融试验；力学性质试验主要有单轴抗压强度试验（干燥状态、饱和状态）、岩石三轴压缩试验、岩石直接剪切试验、岩石抗拉强度试验等。

注：1. 对砂土，如无法取得Ⅰ级、Ⅱ级、Ⅲ级土试样时，可只进行颗粒级配试验；

2. 目测鉴定不含有机质时，可不进行有机质含量试验。

（2）岩土试样试验方法。

1）岩土试验方法应符合《岩土工程勘察规范》（GB 50021）的规定，其具体操作和试验仪器应符合现行《土工试验方法标准》（GB/T 50123）和《工程岩体试验方法标准》（GB/T 50266）的规定。

2）采用室内试验测定土的液限时，应采用 76g 锥入土 10mm 的液限标准。

4. 现场检验与检测

现场检验与监测是构成岩土工程系统的一个重要环节，大量工作在施工和运营期间进行。它的主要目的在于保证工程质量和安全，提高工程效益。

现场检验的含义，包括施工阶段对先前岩土工程勘察成果的验证核查以及岩土工程施工监理和质量控制。现场监测则主要包含施工作用和各类荷载对岩土反应性状的监测、施工和运营中的结构物监测和对环境影响的监测等方面。

检验与监测所获取的资料，可以反求出某些工程技术参数，并以此为依据及时修正设计，使之在技术和经济方面优化。此项工作主要是在施工期间内进行，但对有特殊要求的工程以及一些对工程有重要影响的不良地质现象，应在建（构）筑物竣工运营期间继续进行。

第三节 地 质 基 本 概 念

地层岩性是变电站建（构）筑物基础、输电线路杆塔基础及电缆隧道结构设计关注的重点，通常应查明地层年代、各类岩土体结构及其工程性质等。土体结构是指不同土层的组合关系、厚度及其空间变化，包括土层的分布、岩性、岩相及成因类型；岩体结构除构造外，更重要的是各种结构面的类型、特征和分布规律，不同结构类型的岩体其力学性质和变形破坏的机制不同。

输变电工程岩土勘察要求岩土技术人员首先要了解设计意图，了解设计人员对变电站建（构）筑物基础和线路路径和杆塔基础类型的构想，结合设计需求开展工作；其次要综合分析工程地质条件，明确有利因素和不利因素，充分考虑客观情况，采用合理的勘测手段，有针对性地开展勘察工作，为设计专业提供准确的设计输入资料。

一、地形地貌

地形地貌是指变电站站址建设区域或线路沿线地形起伏和地貌（微地貌）单元的变化情况。通常山区和丘陵地段地形起伏较大，岩土层分布不均匀，地貌单元分布较复杂；平原地段地形平坦，地貌单元单一。地形地貌条件对输变电工程站址及路径选择意义重大，合理利用地形地貌可以优化路径长度，减少挖填方量，进而节约投资，降低对环境的影响，并改善施工和运维环境。因此输变电工程岩土勘察要着重查明站址或线路沿线地貌形态特征、分布和成因，划分地貌单元，探明地貌单元的形成与地层岩性、地质构造及不良地质作用的关系。地质构造包括褶皱及断裂构造，它控制了区域构造格架、地貌特征和岩土分布。

输变电工程常见的地貌类型大的方面可以划分为山地、丘陵、平原。

山地是由山岭和山谷组成的地貌形态组合，是新构造运动大于外力剥蚀作用且两者都很强烈的地带。一条或几条山岭组合构成山脉，山脉延伸几十到几百千米，有的达上千千米。山地地形崎岖起伏，海拔和相对高度都很大，新构造运动对山地高差的增强起重要作用。

丘陵是海拔 500m 以下的走向明显或不明显的高地与洼地相间排列的地貌组合，成因上与山地有紧密联系。丘陵一般为山地和平原的交接地段，典型特点是基岩面起伏不定，覆盖层厚度变化较大，岩土混杂，岩性各异。

平原面积广阔，地面起伏不大，在构造变动（上升或下降）幅度不大的情况下，通过外力的夷平和充填作用形成的地貌形态。

地貌与岩性、地质构造、水文地质及各种不良地质作用关系密切。研究地貌可以判断岩性、地质构造及新构造运动的性质和规模，推定第四纪沉积物的成因类型和结构，了解各种不良地质作用的分布和发展演化历史等。

二、地质构造

地质构造是指岩层在内、外动力地质作用下（尤其是地壳运动）所造成的岩石变形或变位的现象。地质构造可分为原生构造与次生构造，原生构造是指岩石在成岩过程中发育的构造（如玄武岩的流线和流面，沉积岩的层理和层面，变质岩的片理及片麻理定向排列等）；次生构造包括褶皱、断裂（断层、节理）、单斜等类型。

三、岩体结构

1. 结构面和结构体

岩体结构包括两个要素：结构面和结构体。

岩体结构面是指岩体中各种地质界面，它包括物质分异面及不连续面，是在地质发展的历史中，在岩体中形成的具有不同方向、不同规模、不同形态以及不同特性的面、缝、层、带状的地质界面。

结构体是指不同产状的各种结构面将岩体切割而成的单元体。

2. 岩体结构分类

常见的岩体结构类型有整体状结构、块状结构、层状结构、破裂状结构和散体状结构等。

四、岩土分类及性质

作为建筑地基的岩土，可分为岩石、碎石土、砂土、粉土、黏性土和人工填土。

1. 岩石分类

（1）按成因可分为岩浆岩（火成岩）、沉积岩和变质岩三大类。

（2）按风化程度可分为未风化、微风化、中等风化、强风化、全风化。

（3）按坚硬程度划分为坚硬岩、较硬岩、较软岩、软岩、极软岩。

（4）按完整程度划分为完整、较完整、较破碎、破碎、极破碎。

（5）岩体基本质量等级可划分为Ⅰ、Ⅱ、Ⅲ、Ⅳ、Ⅴ级。

（6）按软化程度可分为软化岩石和不软化岩石。

2. 岩石的野外描述

岩石野外描述的内容一般为名称、风化程度、颜色、矿物成分、结构、构造、胶结物、坚硬程度、完整程度及产状要素等。

（1）风化程度。野外根据现场观察岩体组织结构的变化、破碎程度和完整性等特征进行定性判别，并结合波速测试指标和风化系数，按《岩土工程勘察规范》附录A相关规定执行。

（2）颜色。岩石的颜色要分别描述其新鲜面和风化面在天然状态下的颜色，一般副色在前，主色在后。

（3）结构。岩浆岩的结构应描述其矿物的结晶程度及颗粒大小、形状和组合方式，一般按结晶程度分为显晶质、隐晶质和玻璃质结构；按结晶颗粒相对大小分为粗粒、中粒、细粒和微粒结构；按结晶颗粒状态分为等粒、不等粒和斑状结构。沉积岩的结构应描述其沉积物质颗粒的相对大小、颗粒形态的相对含量。沉积岩的结构一般分为碎屑结构、泥质结构、生物结构等。变质岩的结构应描述矿物粒度大小、形状、相互关系。一般根据变质作用和变质程度分为变晶结构、变余结构、碎裂结构和交代结构。

（4）构造。岩浆岩的构造应描述岩石中不同矿物和其他组成部分的排列与填充方式所反映出来的岩石外貌特征，一般分为块状构造、流纹状构造、气孔状构造和杏仁状构造。沉积岩的构造应描述其颗粒大小、成分、颜色和形状不同而现实出来的成层现象。变质岩的构造应描述岩石中不同矿物颗粒在排列方式上所具有的岩石外貌特征，一般分为片状、片麻状、千枚状、板状和块状构造。

（5）坚硬程度。岩石的坚硬程度可根据现场的锤击反应和吸水反应进行定性划分为硬质岩（坚硬岩、较硬岩）、软质岩（较软岩、软岩）和极软岩，也可依据试样饱和抗压强度指标进行定量分类。

（6）完整程度。岩体的完整程度可根据结构面发育程度、主要结构面的类型和结合程度定性分为完整、较完整、较破碎、破碎和极破碎，也可依据岩体完整性指数指标进行定量分类。

（7）岩石在钻探过程中应就岩石质量指标 RQD 加以描述，如采用非标准钻头，应统计岩芯采取率，必要时对岩芯进行拍照存档。

3. 土的分类

输变电工程岩土勘察中关于土的分类，执行《岩土工程勘察规范》（GB 50021）。

（1）按地质成因可分为残积土、坡积土、洪积土、冲积土、淤积土、冰积土和风积土等类型。

（2）按沉积时代可分为老沉积土、一般沉积土、新近沉积土。

（3）按颗粒级配和塑性指数可分为碎石土、砂土、粉土和黏性土。

（4）按工程特性分为湿陷性土、红黏土、软土（包括淤泥和淤泥质土）、冻土、膨胀土、盐渍土、混合土、填土和污染土。

（5）按有机质含量 W_u，将土分为无机土（$W_u<5\%$）、有机质土（$5\%\leqslant W_u\leqslant 10\%$）、泥炭质土（$10\%<W_u\leqslant 60\%$）和泥炭（$W_u>60\%$）四类，其中有机质土又分为淤泥质土和淤泥两类，当 $\omega>\omega_L$，$1.0\leqslant e<1.5$ 时称为淤泥质土；当 $\omega>\omega_L$，$e\geqslant 1.5$ 时称为淤泥。

4. 土的野外描述

土的鉴定应在现场描述的基础上，结合室内试验的开土记录和试验结果综合确定。土的描述应符合下列规定：

（1）碎石土宜描述颗粒级配、颗粒形状、颗粒排列、母岩成分、风化程度、充填物的性质和充填程度、密实度等。

（2）砂土宜描述颜色、矿物组成、颗粒级配、颗粒形状、细粒含量、湿度、密实度等。

（3）粉土宜描述颜色、包含物、湿度、密实度等。

（4）黏性土宜描述颜色、状态、包含物、土的结构等。

（5）特殊性土除应描述上述相应土类规定的内容外，尚应描述其特殊成分和特殊性质，如对淤泥尚应描述嗅味，对填土尚应描述物质成分、堆积年代、密实度和均匀性等。

（6）对具有互层、夹层、夹薄层特征的土，尚应描述各层的厚度和层理特征。

（7）需要时，可用目力鉴别描述土的光泽反应、摇振反应、干强度和韧性。

第四节　岩土的工程性质

不同类别的电力工程建设，对岩土的物理和力学性质研究重点不同。对沉降限制严格的建（构）筑物，需要详细掌握岩土的压缩固结特性；对于天然斜坡或人工边坡工程，需要有可靠的岩土的抗剪强度指标；当土作为回填材料时，其颗粒级配及压密击实性性质是主要参数。

土的形成年代和成因对土的工程性质有很大影响。不同成因类型的土，其力学性质有很大差别。各种特殊土有其独特的工程性质。

一、土的物理力学性质

土的成因和结构决定了其物理力学性质，定量地描述土的基本物理力学性质，如软硬、干湿、松散或紧密等是岩土工程勘察的主要工作内容之一。工程上常用土的物理力学指标来描述土的物理性质和力学状态，其中土的物理性质指标分为两类：一类是必须通过试验测定的，如含水率 ω、密度 ρ 和土粒比重 G_s，称为直接指标；另一类是根据直接指标换算而来的，如孔隙比 e、孔隙率 n、饱和度 S_r 等，称为间接指标。土的常用物理指标换算关系，可参见《工程地质手册（第四版）》中岩土测试篇。土的力学指标主要包括压缩性指标和强度特性指标，其中压缩性指标主要是指压缩系数 α、压缩模量 E_s，强度指标主要有黏聚力 c、内摩擦角 φ 等。

二、岩石的力学性质

岩石的力学指标主要有单轴抗压强度（干燥状态、饱和状态）、软化系数、岩石极限抗剪强度、岩石极限抗拉强度等。

第二章　变电站工程勘察

变电站工程勘察阶段的划分与设计工作阶段相适应，一般可分为可行性研究阶段、初步设计阶段和施工图设计阶段三个阶段。

当存在下列情况下时，勘察阶段可以做相应的调整：

（1）在可行性研究阶段之前，在站址选择时（相当于规划选站），岩土工程勘察人员可根据所搜集资料和现场踏勘调查的结果，对拟选站址的场地稳定性和岩土条件做概略推断，并初步推荐两个工程地质条件较好的站址方案。

（2）若经可行性研究阶段勘察之后，确认站址的建筑场地不属于复杂场地，且总体布置方案已明确不变时，对于电压等级 220kV 及以下的变电站，初步设计阶段和施工图设计阶段的岩土工程勘察可合并进行，但岩土工程勘察成品的内容和深度应满足施工图设计阶段的精度要求。

（3）对于扩建或改建的变电站岩土工程勘察，可充分搜集已有的勘察资料，分析研究其内容深度是否满足相应设计阶段的要求。若不满足时，则应进行相应阶段的勘察或补充勘察。

（4）场地类别属于复杂场地，在施工时发现岩土条件与原勘察资料不符或发现有必须查明的异常岩土工程问题时，应根据工程情况进行施工勘察或专项岩土工程勘察，如岩溶勘察、边坡勘察等。

各个阶段都有与之相适应的勘察任务与要求，下面将分阶段论述变电工程岩土勘察所包含的内容。

第一节　变电站工程可行性研究阶段勘察

可行性研究阶段岩土工程勘察应通过搜集资料、现场踏勘、地质调查和必要的勘探试验工作，初步了解场地的工程地质和地下水条件，从岩土工程角度对各拟选站址的稳定性和适宜性作出最终评价；提出地基基础、挖填方边坡、岩土整治等方案的初步建议；预测工程建设可能引起的环境地质问题；对拟选的站址方案进行比选，推荐岩土工程条件较优站址。

一、勘察的基本要求及方案布置

1. 主要工作

（1）了解工程背景情况。接收设计专业提供的任务书，了解设计意图，搜集地形图、设计条件等与工程相关的各种资料。

（2）调查和分析各站址区的区域地质构造和地震活动情况，提供站址的地震动参数并对场地和地基的地震效应进行初步评价，对站址区域稳定性做出最终评价。

（3）查明站址的地形地貌特征。初步查明站址及其附近不良地质作用，并对其危害程度及发展趋势做出分析判断，提出避让、初步的整治措施、专项勘察等方面的建议。

（4）初步查明站址区的地层成因、时代、分布及主要物理力学性质，地下水的类型埋藏条件及年变化幅度，以及场地土和水对建筑材料的腐蚀性。

（5）初步调查站址内及其附近区域矿产分布、规划及开采情况，分析矿产采动对站址稳定性的影响，并预测可能引起的其他环境地质问题。

（6）初步查明各拟选站址的特殊性岩土的类型、分布特征、性状指标、相应等级，提出整治措施的初步建议。

（7）对山区、丘陵区站址，初步查明对建（构）筑物可能有影响的自然边坡或人工边坡地段的岩土工程条件，初步评价其稳定性，提出场地整平和挖填方边坡方案的初步建议。

（8）在季节性冻土地区，提供站址区土的标准冻结深度。

（9）分析论证站址地基类型，当需要进行地基处理或采用桩基础时，应对方案进行分析论证，并提出建议。

（10）根据工程条件，提出开展地质灾害危险性评估、压覆矿产和文物评估等工作的建议。

2. 勘探方案

（1）对于中等复杂场地或复杂场地，勘探点的数量可为 3～5 个，对于简单场地勘探点数量可为 2～3 个。当已有资料满足本阶段勘察要求时，可不布设勘探点。

（2）山区、丘陵区的变电站，站址的勘察工作布置除了参考上述布置原则外，其勘察重点应放在地貌变化、基岩面起伏较大和第四系覆盖岩性复杂的地段进行，必要时需加密勘探点，一般情况下在冲沟部位需布置一定数量的勘探点。

（3）需结合工程地质测绘与调查，预测可能采用的地基类型，为站址的总平面优化布置提供基本地质资料。

（4）对于简单场地、中等复杂场地勘探线数量不少于 1 条，对于复杂场地勘探线数量不少于 2 条。

（5）勘探孔深度一般为 10～20m。拟选站址存在特殊性岩土、不良地质作用、深挖高填等情况时，勘探孔深度应根据实际情况进行调整。

3. 不良地质作用和地质灾害

调查拟建工程场地或其附近是否存在对工程安全有影响的活动断裂、岩溶、采空区、不稳定斜坡、危岩或崩塌、泥石流、倒石堆等不良地质作用。变电站应避开活动断裂、不稳定斜坡、危岩或崩塌、泥石流、倒石堆等地段。

二、勘察手段、方法及室内试验

可行性研究阶段变电站岩土工程勘察主要通过勘察手段初步查明站址区的岩土工程条件，必要时需进行工程地质测绘与调查，查明站址附近的不良地质作用。

1. 工程地质测绘与调查

对于复杂场地或有特殊要求的变电站项目，当存在危害场地稳定的不良地质作用时，宜根据具体情况进行工程地质测绘与调查和必要的勘探工作；对中等复杂场地和简单场地的一般变电站可进行工程地质调查。

工程地质测绘与调查目的是了解拟建站址的地层、岩性、构造、地貌、水文地质条件和不良地质作用，为站址选择和勘察方案的布置提供依据。

2. 勘探、取样及原位测试

（1）勘探是可行性研究阶段重要的岩土工程勘察手段。通过合适的探测方法对站址区域的地层进行勘察，初步查明站址区地层的分布规律。

（2）常用的勘探手段有钻探、静力触探试验、坑探、槽探等。勘探方法的选取应符合勘察目的和岩土的特性。

（3）在勘探过程中，可以进行相应的原位测试，如标准贯入试验、动力触探试验、十字板剪切试验等，同时在勘探过程中获取一定数量的原状土样进行室内试验。

（4）钻探取样的具体方法，应按《建筑工程地质勘探与取样技术规程》（JGJ/T 87）执行。

3. 室内试验

对钻探过程中获得的原状土样进行室内试验，以评价地基岩土层的主要物理力学特性，初步确定岩土层的地基承载力，为选择合适的基础类型以及基础持力层奠定基础。

三、岩土工程勘察报告的内容及深度

1. 勘察报告内容

岩土工程勘察报告应根据任务要求、勘察阶段、工程特点和地质条件等具体情况编写，并应包括下列内容：

（1）工程概况。主要包括工程概况、任务要求、依据标准、勘察手段、勘察工作量等。

（2）区域地质、地震。主要包括地形、地貌、地质构造、地震活动及稳定性评价。

（3）各站址工程地质条件。阐述地形地貌特征、地基岩土构成及工程条件、地下水条件、不良地质作用及环境工程地质问题。

（4）岩土工程条件分析及各站址方案比较。对站址岩土工程条件进行分析及评价，推荐采用天然地基时基础持力层或采用桩基础时的桩端持力层。并对各拟选站址方案进行比选，推荐较优站址，以及对今后岩土工程勘察工作的建议。

（5）结论及建议。地震基本烈度、水土腐蚀性评价、土壤标准冻深、地基基础型式的建议等。

2. 勘察报告内容详细要求

（1）勘察报告在叙述拟建工程概况时，应明确下列内容：

1）工程名称、委托单位、勘察阶段、场地位置、层数（地上和地下）或高度，拟采用的结构类型、基础型式和埋置深度。

2）变电站建（构）筑物结构安全等级、场地复杂程度等级、岩土工程勘察等级。

（2）勘察报告在叙述勘察目的、任务要求和依据的技术标准时，应以勘察任务委托书为依据，并写明依据的技术标准。

（3）勘察报告在叙述勘察方法及勘察工作完成情况时，应包括下列内容：

1）工程地质测绘或调查的范围、面积、比例尺以及测绘、调查的方法。

2）勘探点的布置原则、勘探方法及完成工作量。

3）原位测试的种类、数量、方法。

4）采用的取土器和取土方法、取样（土样、岩样和水样）数量和质量。

5）岩土室内试验和水（土）质分析的完成情况。

6）勘探点坐标及标高的测量系统及引测依据。

7）引用已有资料情况。

8）协作单位的说明。

9）其他问题说明。

3. 场地环境及工程地质条件

（1）场地环境及工程地质条件主要包括以下内容：

1）根据工程需要叙述气象和水文情况及区域地质构造情况。

2）场地及周边的地形、地貌。

3）不良地质作用及地质灾害的种类、分布、发育阶段、发展趋势及对工程的影响。

4）场地各层岩土的年代、类型、成因、分布、工程特性，岩层的产状、岩体结构和风化情况。

（2）土的分类与描述及岩土分层应在检查、整理钻孔记录的基础上，结合室内试验的开土记录和室内试验结果综合确定。各类土的分类与鉴定详见附录 G。

（3）场地地下水、地表水的描述。

4. 场地和地基的地震效应

对于地震烈度为 7 度及以上地区，站址的岩土工程勘察应符合下列要求：

（1）抗震设防要求（抗震设防烈度、设计地震分组、设计基本地震加速度）。

（2）划分建筑抗震地段。

（3）评价地震作用下岩土体发生滑坡、崩塌、塌陷等的可能性及软土发生震陷的可能性。

（4）分析评价饱和砂土和饱和粉土（不含黄土）的地基，除 6 度设防外，产生地震液化的可能性。

5. 地基承载力及变形参数

（1）岩土工程勘察报告应提供岩土的变形参数和地基承载力的建议值。地基承载力特征值可由载荷试验或其他原位测试、公式计算、并结合工程实践经验等方法综合确定；土的压缩性指标可采用原状土室内压缩试验、静探公式推导（详见《工程地质手册（第四版）》）等方法确定。

（2）特殊土的地基承载力评价应根据特殊土的相关规范和地区经验进行。

1）软土地基承载力的确定应按《软土地区岩土工程勘察规程》（JGJ 83）执行。

2）岩石地基应根据《岩土工程勘察规范》（GB 50021）划分和评定岩石坚硬程度、岩体完整程度、风化程度和岩体基本质量等级，其承载力特征值应按《建筑地基基础设计规范》（GB 50007）有关规定确定。

注：由经验理论公式计算时，勘察报告中应说明理论公式的出处和参数的取值。

6. 站址区域稳定性及场地稳定性评价

（1）可行性研究阶段岩土工程勘察报告应进行站址区域稳定性和场地稳定

性评价，阐明影响建筑的各种稳定性及不良地质作用的分布及发育情况，评价其对工程的影响。

（2）对于 220kV 变电站，当站址附近存在全新的活动断裂时，应按《变电站岩土工程勘测技术规程》（DL/T 5170）规定，评价断裂对站址稳定性的影响。

（3）场地稳定性和适宜性的评价应符合下列规定：

1）场地地震效应的分析与评价应符合《建筑抗震设计规范》（GB 50011）的有关规定；建筑边坡稳定性的分析与评价应符合《建筑边坡工程技术规范》（GB 50330）的有关规定。

2）选择建筑场地时，应根据工程需要和地震活动情况、工程地质和地震地质的有关资料，对抗震不利地段，应提出避开要求；当无法避开时应采取有效的措施。不得在危险地段选址。

（4）场地稳定性评价可采用定性的评判方法，分级应符合附录 B 的规定。

（5）工程建设适宜性评价宜采用定性和定量相结合的综合评判方法，定性评价应符合附录 C 的规定，按附录 C 评定划分为适宜的场地，可不进行工程建设适宜性的定量评价，否则应进行工程建设适宜性的定量评价。定量评价具体方法按《城乡规划工程地质勘察规范》（CJJ 57）规定进行。当采用定性和定量评价方法分别确定的工程建设适宜性级别不一致时，应分析原因后综合评判。

7．腐蚀性评价

（1）初步查明地下水对混凝土及钢筋混凝土结构中的钢筋的腐蚀性。

（2）初步查明地基土对混凝土结构及钢筋混凝土结构中的钢筋的腐蚀，评价地基土对钢结构的腐蚀性。

（3）水、土的腐蚀性评价详见附录 H。

8．地基的分析与评价

可行性研究阶段勘察应在初步查明站址区岩土工程特性的基础上，为设计提出地基基础类型的建议。变电站地基类型应首选天然地基，应分析评价采用天然地基的可能性。当不具备采用天然地基时，应建议地基处理方法或采用桩基础，并应分析需要处理的土层及桩端持力层的工程特性。

9. 站址比选应主要包括的内容

（1）站址的区域地质构造和区域稳定性，不良地质作用发育情况及其治理难易程度，特殊性岩土类别、分布及其整治措施。

（2）地形起伏对场地整平及利用的影响。

（3）地震动参数以及场地对建筑抗震的影响。

（4）地基岩土性质、地下水，地基基础型式及地基处理难易程度。

（5）压覆矿产情况。

10. 结论与建议

（1）岩土工程勘察报告应资料完整、真实准确、数据无误、图表清晰、结论有据、建议合理，并应因地制宜，重点突出，有明确的工程针对性。

（2）岩土工程勘察报告的结论与建议一般应包括下列内容：

1）对场地条件和地基岩土条件的评价。

2）站址区域稳定性及场地稳定性评价。

3）地震效应结论。

4）地基方案分析及建议。

5）场地土的标准冻结深度。

6）提请设计和后续勘察中应注意事项。

7）其他重要结论及需要专门说明的问题。

第二节 变电站工程初步设计阶段勘察

初步设计阶段岩土工程勘察应初步查明建设场地的地基土分布特征、地下水条件、主要不良地质作用及地基土的物理力学性质，预测可能出现的岩土工程问题，为合理确定建筑物总平面布置、主要建（构）筑物地基基础方案设计、挖填方边坡设计、不良地质作用及特殊性岩土治理等，提供岩土工程勘察资料和建议。

一、勘察的基本要求及方案布置

1. 主要工作

（1）查明站址区的地层分布及岩土物理力学性质，提供地基基础方案、边坡方案、基坑降水和支护方案、特殊性岩土整治措施等建议和初步设计所需的计算参数。

（2）查明不良地质作用的类型、成因、分布范围、性质，预测其发展趋势和危害程度，提出整治方案的建议。

（3）进一步查明地下水的埋藏条件及其变化规律，分析地下水对施工可能产生的不利影响，提出防治建议及措施，并评价地下水及地基土对混凝土结构及钢筋混凝土结构中的钢筋的腐蚀性，评价地基土对钢结构的腐蚀性。

（4）确定站址场地土的类型及场地类别；对挖填方面积较大的站址场地，应根据初步拟定的设计场平标高，分区域划分建筑场地类别。

（5）提供站址的基本地震动参数，评价场地和地基地震效应。进一步分析判定地面以下 20m 范围内饱和砂土、饱和粉土的液化，计算液化指数，判定液化等级。进行液化等级分区。若站址内存在软弱土，尚应进一步对软弱土层的震陷问题进行分析评价。

（6）查明对站址建筑物可能有影响的自然边坡或人工开挖边坡的岩土工程条件，分析评价其稳定性，对边坡治理、挖填方边坡坡率或支挡方案等提出建议。

（7）测试地基土壤电阻率。

（8）对下阶段勘测要解决的重点问题、需要注意的方面等提出意见和建议。

2. 勘探方案

（1）勘探点布置范围。

1）勘探点应按勘探线进行布置，一般每一地貌单元应有勘探点，且在微地貌、地貌单元交接部位及地层变化较大的地段应加密勘探线或勘探点。

2）当场地为简单场地时，勘探点可按方格网布设。

3）当场地为中等复杂场地或复杂场地时，勘探点宜按工程地质单元布置。主控制楼、主变压器等重要建（构）筑物部位应布置有勘探点。

4）勘探线、勘探点的布置应能控制站址范围，并兼顾总平面布置图。并应考虑建（构）筑物总平面布置变动的可能性。

5）控制性勘探点的数量不应少于勘探点总数的 1/3，且每个地貌单元均应有控制性勘探点。

6）当需进行场地地震液化判别时，对判别液化而布置的勘探点不应少于3 个，勘探孔深度应大于液化判别深度。

7）初步设计阶段勘察勘探点、线的间距宜根据场地复杂程度、场地面积等因素确定，且同一场地勘探点数量不宜少于 4 个。

（2）勘探点、线的间距。勘探点、线的间距应满足表 2-1 规定。

表 2-1   变电站初步设计勘察勘探孔的间距

场地复杂程度等级	勘探线间距（m）	勘探点间距（m）
一级（复杂）	80～200	70～120
二级（中等复杂）	75～150	50～100
三级（简单）	50～100	≤60

在地貌单元交接部位、地层变化较大、厚层填土场地挖填界线附近等地质条件复杂的地段，勘探点应予加密。

（3）初步设计阶段勘察的勘探深度。

1）勘探孔深度应能控制地基主要受力层，一般性勘探孔的深度 8～10m，控制性勘探孔的深度 10～15m；勘探深度自基础底面算起。

2）在预定深度范围内遇到基岩时，一般性勘探孔在达到确认的基岩后即可终孔，控制性勘探孔入岩深度不宜小于 3m；在预定勘探深度遇到弱地层时，勘探孔深度应适当加深或钻穿软弱地层；当拟定基础埋深以下有厚度大于 3m，分布均匀的坚实土层，且其下无软弱下卧层时，除控制性勘探孔深度应达到规定深度外，一般性勘探孔达到该层顶面即可。

3）当需进行地基处理时，勘探孔的深度应满足地基处理设计与施工要求。

4）当需确定场地抗震类别而站址场地及其邻近无可靠的覆盖层厚度资料时，应布置不少于 3 个波速测试孔，其深度应满足划分建筑场地类别对确定覆盖层厚度的要求。

5）对于电压等级为 220kV 及以下的非枢纽变电站，剪切波速可根据岩土名称和性状，按《建筑抗震设计规范》（GB 50011）估算各土层的剪切波速时，应有深度不小于 20m（或不小于覆盖层厚度）的勘探孔。对于枢纽变电站，当站址位于同一地质单元时，剪切波速测试钻孔不宜少于 3 个；当站址位于不同地质单元时，剪切波速测试钻孔位置及数量应按地质单元确定。

6）在上述规定深度内当遇基岩或厚层碎石土等稳定地层时，勘探孔深度应根据情况进行调整。

（4）取土试样和原位测试。

1）采取土试样和进行原位测试的勘探孔应在平面图上均匀布置，其数量为勘探孔总数的 1/3～1/2，对于复杂场地应取高值。

2）每个场地每一主要土层的原状土试样或原位测试数据不应少于 6 件（组）。

3）取土试样和原位测试的数量及竖向间距应根据地层结构及地基均匀性确定，每层土应采取土样或进行原位测试，每一主要土层的试样或原位测试数量不应少于 6 个。

4）当采用静力触探试验或标准贯入试验、动力触探试验、旁压试验时，整个建筑场地不应少于 3 个孔；其中对标准贯入试验进行数据统计分析时，每一主要岩土层同一试验数据不应少于 6 个。

> 注：1. 主要土层是指天然地基或桩基的持力层和主要压缩层；
>
> 2. 在取样钻孔可采取原状土试样的地层应提供土的室内试验指标，难以采取原状土试样的地层可采用原位测试数据；当在设定取样钻孔中遇到砂土、碎石土，无法取得原状土样时，应在相应位置进行标准贯入试验或动力触探试验，确保采取土试样和进行原位测试勘探孔钻孔的数量不少于总数的 1/3；
>
> 3. 取样或标准贯入试验（动探）应满足地基均匀性的要求，基底以下 1.0 倍基础宽度内不应大于 2.0m，以下可根据土层变化适当加大间距；
>
> 4. 对非连续贯入的动力触探试验，每一阵击按一次测试计数。

3. 特殊条件站址勘察

（1）山区、丘陵区站址勘察。

1）对于基岩露头较多，地貌及地质构造复杂场地，宜进行工程地质测绘。

2）在地貌变化大、基岩起伏较大和第四系覆盖层岩性复杂地段宜适当加密勘探点。

3）根据初步拟定的场地整平标高，适当增加或减小勘探点深度。

4）测绘和调查山地、边坡包含季节性基岩裂隙水在内的地下水类型、出露位置、高程和流量，分析地表水、地下水对建筑地基和建设场地的影响。

5）进一步查明站址场地及其附近区域内有无滑坡、崩塌、泥石流等地质灾害发生的可能性以及有无岩溶、土洞、采空区等不良地质作用，分析不良地质作用和地质灾害对站址区建筑的影响，并提出防治措施建议。

6）查明各类岩层的分布、厚度、接触关系、地质时代、工程地质特征以及有无影响地基稳定的临空面，对岩土的不均匀性进行评价。

7）查明边坡岩土层分布情况及影响边坡稳定的工程地质问题，提供边坡稳定性分析与计算所需的物理、力学参数，分析施工过程中因挖方、填方、堆载和卸载等可能对山坡稳定的影响，提出挖填方边坡坡形和稳定坡率、支挡措施、坡面防护、防排水等方面的建议。

（2）桩基工程勘察。

1）查明场地内各层岩土的类型、成因、年代、分布、物理力学性质及变化规律；应调查勘测场地范围内有无地下障碍物分布。

2）当采用基岩作为桩的持力层时，应查明基岩的岩性、构造、岩面变化、风化程度，确定岩石的坚硬程度、岩体的完整程度和基本质量等级，判定有无洞穴、临空面、破碎岩体或软弱岩层。

3）查明水文地质条件，评价地下水对桩基设计和施工的影响，判定水质对桩基材料的腐蚀性。

4）查明不良地质作用，可液化土层和特殊性岩土的分布及其对桩基的危害程度，并提出防治措施的建议。

5）推荐合理的桩型及桩端持力层，提供桩的极限侧摩阻力、极限端阻力和变形计算的有关岩土参数建议值。当桩端有软弱下卧层时，应建议进行软弱下卧层验算。

6）对有厚层欠固结软土、欠压密填土、自重湿陷性黄土、液化震陷土等场地，应分析桩侧产生负摩阻力的可能性及其对桩基承载力的影响，必要时提出消除负摩阻力的处理措施建议。

7）评价沉（成）桩可能性，特别是填土区填料的粒径、不均匀性对沉（成）桩方式的影响，推荐适宜的沉（成）桩方式，论证桩的施工条件及其对环境的影响。

8）桩基工程勘察应以钻探为主，结合触探以及其他原位测试的方式进行。对黏性土、粉土和砂土的测试手段宜采用静力触探和标准贯入试验；对碎（卵）石土、砾砂层宜采用重型或超重型圆锥动力触探；对岩溶发育场地，宜辅以有效的地球物理勘探手段。

9）勘探点应沿建筑物轮廓及柱列布置，勘探点间距宜为 10～30m。

10）一般性勘探点宜进入预计桩端平面以下 3～5m，控制性勘探孔深度可按估算的桩基沉降计算结果确定。当可能有多种桩长方案时，应按可能的最大桩长考虑勘探点深度。

11）桩基勘察的岩（土）试样采取及原位测试工作应符合《建筑桩基技术规范》（JGJ 94）的有关规定。

12）桩端持力层选择应具适当的埋藏条件及一定的厚度，并应符合下列规定：

a. 当其下分布软弱下卧层时，桩端以下持力层厚度，不宜小于 $3d$（d 为桩径）。

b. 当桩端持力层为基岩时，在桩端平面以下 $3d$ 范围内不应有软弱夹层和未胶结的破碎带或洞隙分布。

c. 宜具有较高的承载能力和较低的压缩性。可塑～坚硬状态黏性土，中密～密实的粉土、砂土、碎石土和残积土，强风化～未风化的基岩，以及上述地基岩土层的组合，均可作为桩端持力层。

d. 应具有较好的稳定性和均匀性。持力层在一定范围内顶面高程变化和主要地基岩土性质差异不宜过大；对于基岩，在桩的受力范围内不应有滑动面和临空面；受外界因素影响容易引起性质、状态变化的湿陷性土、膨胀土、液化土、易溶岩土等，均不宜作为桩端持力层。

（3）湿陷性黄土地基工程勘察。在湿陷性黄土场地进行岩土工程勘察应满足现行的国家标准的规定，并应结合建筑物的特点和设计要求，对场地、地基作出评价，对地基处理措施提出建议。

1）初步查明黄土地层的时代、成因、分布及夹层、包含物的成分和性质。

2）初步查明湿陷性黄土层的厚度、湿陷土层下限深度。

3）初步查明场地湿陷类型、地基湿陷等级及其分布。

4）查明场地地下水埋藏条件、季节性变化幅度，预估地下水等环境水的变化趋势，评价地下水对工程的影响。

5）提供变形参数和承载力等设计所需的计算参数；当场地地下水位有可能上升至地基压缩层的深度以内时，宜提供饱和状态下的强度和变形参数。

6）勘探点的布置，应根据总平面和《湿陷性黄土地区建筑标准》（GB 50025）划分的建筑物类别以及工程地质条件的复杂程度等因素确定，应符合下列规定：

a. 勘探点间距应符合表 2-1，同时应符合《湿陷性黄土地区建筑标准》（GB 50025）相关规定。

b. 采取不扰动土样和原位测试的勘探点不得少于全部勘探点的 2/3，其中采取不扰动土样的勘探点不宜少于 1/2；当勘探点间距较大或数量不多时，宜将所有勘探点作为取土勘探点。

c. 取土勘探点中，应有足够数量的探井。探井数量不应少于取土勘探点总数的 1/3，且每个场地单元探井数量不应少于 3 个。

d. 对于湿陷性土分布不均匀的地段应加密勘探点，并借助地面调查方法。

7）勘探点的深度应大于地基压缩层的深度，并应大于基础底面以下 10m 或穿透湿陷性黄土层。

8）采取不扰动土样，要保持其天然的湿度、密度和结构，并应符合 I 级土样质量的要求。土样直径不应小于 120mm。沿深度连续采取原状土样的竖向间距宜为 1.0m。

9）室内试验除常规项目外，尚应做土的湿陷性试验，对浸水可能性大的工程，应进行饱和状态下的压缩和剪切试验。

（4）膨胀土地基工程勘察。

1）查明场地的地貌、地形形态及其演变特征，划分地貌单元和场地类型；查明天然斜坡是否有胀缩剥落现象。

2）初步查明膨胀土的地层岩性、地质时代、成因类型、结构、分布、颜色、节理及裂隙等特征。

3）采取原状土样进行自由膨胀率、一定压力下的膨胀率、收缩系数、膨胀力等试验，计算建筑物地基的胀缩等级，提供地基岩土设计参数。

4）查明场地内岩土膨胀造成的浅层滑坡、地表裂缝、小冲沟等不良地质作用的分布、发育情况，并评价其危害程度。

5）调查场地的地表水集聚、排泄情况；查明地下水类型、水位及其变化幅度，评价地下水位季节性变化对地基土胀缩性、强度等性能的影响。

6）搜集降水量、蒸发力、气温、地温、干湿季节、干旱和降水持续时间等当地气象资料，查明当地大气影响深度或大气影响急剧层深度。

7）分析膨胀土对工程的影响，对建（构）筑物的基础埋深、地基处理及边坡、基坑开挖中的防水、保湿措施等提出建议。

8）取原状土样的勘探点应根据地基基础设计等级、地貌单元及地基土胀缩等级布置，并应分散于整个场地，其数量不应少于勘探点总数的1/2。

9）采取原状土样，应从地表下 1m 处开始，在 1m 至大气影响深度内每米取样 1 件；在大气影响深度以下，取样间距可为 1.5～2.0m；土层有明显变化处，应加取土样。主要岩土层进行胀缩性试验的岩土样，每层不应少于 6 件（组）。

10）勘探孔的深度，除应满足基础埋深和附加应力的影响深度外，尚应超过大气影响深度；控制性勘探孔深度不应小于基础底面以下 8m，一般性勘探孔深度不应小于基础底面以下 5m。

11）应采用钻探和井探相结合的勘探手段。钻探过程中，不得向钻孔内注水。

12）对可能存在膨胀的岩土应依据地形、地貌、岩性、自由膨胀率、裂隙发育情况、有无光滑面和擦痕、有无浅层塑性滑坡等进行初步判定；终判应在初判的基础上，根据各种室内试验成果、拟建场地或其邻近建筑物破坏形态综合判定。

（5）填土地基工程勘察。

1）填土勘察宜结合建（构）筑物地基和场地边坡勘察同时进行。

2）搜集资料，调查地形和地物的变迁，填土的来源、堆积年限、堆积方式和填土压实情况。

3）初步查明填土的分布范围、厚度、物质成分、颗粒级配；判定填土地基的竖向及横向的均匀性、密实性、压缩性和湿陷性。

4）含有粗颗粒物质（包括块状回填基岩岩块）、成分不均匀的填土，应查明粗颗粒物质性质、所占比例及其分布与厚度，细颗粒土充填情况，有无架空结构，评价其密实程度和均匀性；采用人工或机械成孔灌注桩穿透时，需分析可挖性并提出施工安全措施的建议。

5）对压实填土和堆积年限较长的素填土、冲填土、由建筑垃圾或性能稳定的工业废料组成的杂填土，当较均匀和较密实时，应评价作为天然地基的可能性；由有机物含量较高的生活垃圾和对基础有腐蚀性的工业废料组成的杂填土，或回填于斜坡之上且可能滑动失稳的填土，不宜作为天然地基。

6）调查地下水与填土分布的关系及地下水的动态，查明填土的渗透特性，分析地下水位变化对填土地基的影响。

7）当填土底面的天然坡度大于 20%时，且下方有临空面时，应分析评价其稳定性，并应判定原有斜坡受填土影响引起滑动的可能性。

8）填土勘察应在表 2−1 规定的基础上加密勘探点，确定暗埋的塘、浜、坑的范围。勘探孔的深度应穿透填土层。当填土下伏软弱土层时，控制性勘探点应穿透填土和下覆软弱土层。

9）勘探方法应根据填土性质确定。对主要由粉土或黏性土组成的素填土，可采用钻探取样、静力触探、轻型动力触探与标准贯入试验相结合的方法；对含较多粗粒成分的素填土和杂填土宜采用动力触探、钻探相结合的方法；对深厚填土宜采用钻孔取样、原位测试与物探方法相结合的方法。为查明填土的湿陷性，当条件允许时可施工一定数量的探井。

（6）软土地基工程勘察。

1）初步查明地层成因类型、地质时代、埋藏条件、层理结构、分布规律及其物理力学性质，软土的固结历史、水平向和垂直向的均匀性、结构破坏对强度和变形特征的影响，地表硬壳层的分布与厚度、下伏硬土层或基岩的埋深和层面起伏情况，分析和评价地基的稳定性、均匀性和承载力。

2）初步查明微地貌形态和暗埋的塘、浜、沟、坑、渠等的分布、埋深，并查明回填土的工程性质、范围和填埋时间。

3）初步查明地下水的类型、埋藏条件，软土中含水层的分布，与地表水的相互关系，提供地下水位及其变化幅度以及土层的渗透性等。

4）判定水和土对建筑材料的腐蚀性。

5）初步查明软土中腐质物和有机质的含量。对于有机质土，应分析腐质物和有机质含量对水泥土桩成桩可行性的影响。

6）提供地基强度与变形计算参数建议值，预测建筑物的变形特征和稳定性。

7）提供深基坑开挖后，边坡稳定性计算、支护和降水设计所需的岩土参数，分析开挖、回填、支护、地下水控制、打桩等对软土应力状态、强度和压缩性的影响。

8）评价采用天然或人工地基的适宜性，提出地基类型和持力层的建议；需要地基处理时，应根据软土厚度和性质提出地基处理方法比选、处理深度以及处理效果控制与检测的建议；采用桩基时提出桩基设计参数和相关的建议。

9）当下卧层存在软土时，应建议进行软弱下卧层验算；当场地有大面积填土或分布欠固结软土等情况时，应分析负摩阻力对桩基的影响。

10）判定地基产生失稳和不均匀变形的可能性；当建（构）筑物临近池

塘、河岸、海岸、边坡时，应分析软土发生侧向塑性挤出或滑移的可能性。

11）软土地区勘察应采用钻探取样与静力触探相结合的方法，并应增加原位测试工作量比例。软土的力学参数宜采用静力触探试验、十字板剪切试验、螺旋板载荷试验等方法获取。

12）勘探孔类型的确定。控制性勘探孔宜占勘探孔总数的 1/4～1/3，且每个地貌单元均应有控制性勘探孔。采取土试样和进行原位测试的勘探孔应结合地貌单元、地层结构和土的工程性质考虑，一般占勘探孔总数的 1/4～1/2。原位测试孔的数量宜占勘探孔总数的 1/3～1/2。

13）勘探孔深度。当软土层较薄时，勘探孔深度一般应穿过软土层进入下部硬土层 5～10m 或达到风化岩层。对大面积堆载场地，一般由软土地基土强度控制，勘探孔的深度为 1.0～1.5 倍堆载宽度，若需验算沉降则孔深由压缩层厚度确定，若需验算稳定则需要由滑弧影响深度确定。

14）取原状土试样量。采取原状土试样的数量和间距应按地层特点和土的均匀程度确定，每层土均应采集原状试样，每一统计单元有效数量一般不宜少于 6 个。

15）现场勘察时，应测量地下水位，水位测量孔的数量应满足工程评价的要求，每个场地的水位测量孔数量不应少于钻探孔数量的 1/2；当场地有多层对工程有影响的地下水时，应专门设置水位测量孔，并应分层测量地下水位或承压水头高度。

（7）岩溶勘察。

1）变电站场地或附近有可溶岩发育时，应按岩溶场地进行勘察。

2）岩溶勘察应查明对站址和地基有影响的地下岩溶及地表塌陷的形态、分布、规模以及发育规律，查明地下水的埋藏及开采情况，对岩溶发育程度进行分类，评价建站的适宜性、场地和地基的稳定性，推荐地基基础型式，提出处理措施及建议。

3）查明场地地下水的埋藏特征。

4）查明场地岩溶洞隙及伴生的土洞、落水洞、地表塌陷的分布、发育程度、发育规律以及基岩面的起伏情况，推荐地基基础方案。应重点对岩溶整治和地基处理方案进行优化论证，推荐岩土工程条件相对较好的区段作为电力工程主要建（构）筑物的建设场地。岩溶发育程度分级详见附录 F。

5）变电站选址时，以避开下列对场地稳定不利的地段：

a. 有浅埋的暗河、大型溶洞群、厅堂式或大型廊道式溶洞发育的地段。

b. 有隐伏的槽谷与漏斗、规模较大的岩溶洼地及基岩面剧烈起伏的地段。

c. 土洞或塌陷已发育成片的地段。

d. 场地附近大量抽取地下水，或地表水水位升降剧烈，有可能引起场地上覆土层塌陷的地段。

e. 岩溶地下通道排泄不畅、堵塞或涌水，有可能导致暂时性淹没的地段。

（8）边坡勘察。

1）对变电站建设有影响或可能有影响的自然斜坡和人工开挖形成的岩体边坡需进行岩土工程勘察。自然边坡应在选址时做出初步判断，对于初判为有可能不稳定的边坡，一般不宜作为变电站建设场地。

2）对于一级边坡以及高度超过 30m 的岩质边坡、超过 15m 的土质边坡应进行专项勘察；对于其他边坡可与站内建（构）筑物勘察一并进行，但应满足边坡勘察深度的要求；大型和地质环境条件复杂的边坡应分阶段进行勘察，一级边坡工程尚应进行施工勘察；当边坡成为站址比选的主要条件时，应在可行性研究阶段进行专项勘察。

3）边坡勘察的主要内容：

a. 场地的地形地貌特征。

b. 场地岩土时代、成因、类型、分布及其物理力学性质。

c. 覆盖层厚度、基岩面的形态和坡度、岩石风化程度与完整程度、水文、气象及水文地质条件。

d. 不良地质作用的范围和性质，发展趋势及对边坡稳定性的影响。

e. 评价边坡稳定性及工程建设对边坡稳定性的影响。

f. 提供人工边坡的合理坡脚和坡型。

g. 对不稳定边坡的处理方案提供建议。

4）边坡工程的勘探范围包括坡面区域和坡面外围一定区域且不能小于岩质边坡的高度或土质边坡高度的 1.5 倍，以及可能对建（构）筑物有潜在安全影响的区域。

5）勘探点与勘探线的间距。勘探线应垂直边坡走向或平行于主要滑动方向布置为主，在拟设置支挡结构的位置应布置平行和垂直的勘探线。勘探线与勘探点的间距详见表 2-2。

表 2 - 2 　　　　　　　　　　边坡勘察勘探点间距

勘探阶段	勘探线间距（m）	勘探点间距（m）
可行性研究	≤40	≤50
初步设计	≤30	≤40
施工图设计	≤20	≤30

当有软弱夹层及不利结构面时，应适当加密勘探点。

6）勘探点深度应穿透最下层潜在滑动面并应满足边坡稳定性验算所需的深度要求。

7）边坡稳定性计算所需的抗剪强度指标应根据工程实际情况与岩土土体条件，通过现场试验或室内试验，结合类似工程经验等方法综合确定。

8）边坡稳定性评价应在确定边坡破坏模式的基础上，采用工程地质类比法、图解分析法、极限平衡法等进行综合分析。当边坡各区段条件不一致时，应分区段进行评价。

（9）采空区勘察。

1）采空区勘察的主要任务。

a. 拟建工程场地或其附近分布有不利于场地稳定和工程安全的采空区时，应进行采空区岩土工程勘察。

b. 煤矿采空区岩土工程勘察应在查明采空区特征的基础上，分析评价煤矿采空区场地的稳定性，并应综合评价煤矿采空区场地的工程建设适宜性及拟建建（构）筑物的地基稳定性，同时应提出煤矿采空区治理措施建议。

c. 煤矿采空区勘察应充分搜集区域及场地地质资料、矿产及其采掘资料，邻近场地工程勘察资料等，且应对搜集到的资料的完整性、可靠性进行分析和验证。

d. 煤矿采空区勘察应以勘察任务委托书和勘察技术要求为依据，并应根据勘察阶段、采空区类型、工程重要性等级、工程结构型式及布置、勘察手段的适用条件等，选择适宜的勘察方法与手段，合理布置工作量。

2）采空区勘察方案布设要求。

a. 煤矿采空区场地拟建建（构）筑物岩土工程勘察勘探点布置、岩

（土）和水试样采取及试验、原位测试项目及数量等，除应符合采空区勘察的特殊要求外，尚应符合《岩土工程勘察规范》（GB 50021）等的有关规定。

b. 采动边坡工程地质区（段）应根据边坡安全等级，地层岩性、地质构造、地形地貌、水文地质条件及采空区与边坡的相对关系等综合划分，每个区（段）应至少布置 1 条垂直于边坡走向的勘探线，各勘探线勘探点数量不应少于 3 个。当边坡工程地质条件复杂时，应加密布置。

c. 对于采空区资料缺乏或资料可靠性差的采动边坡场地，各勘探线应至少布置 1 个控制性勘探点，孔深进入采空区底板以下不应少于 3m，对于采空区资料完整，可靠的采动边坡，勘探点的深度应穿过最深潜在滑动面并进入稳定层不小于 5m。

3）勘探取样。

a. 煤矿采空区勘探工作应在工程地质调查、测绘和地球物理勘探成果的基础上，验证采空区、巷道的分布范围及其覆岩破坏类型与发育特征、地表裂缝的埋深和延展状况，并应开展稳定性评价计算参数确定所需的原位测试和试验工作。

b. 钻探、井探、槽探等方法的选择，应根据地层、采空区和地表裂缝的埋深、取样、原位测试要求及场地现状确定。

c. 在预计的采空区拟建建（构）筑物地基附加应力影响深度范围内，应采取Ⅰ、Ⅱ级土试样，试验前应对土试样等级进行评定，试样采取工具和操作方法应符合《建筑工程地质勘探与取样技术规程》（JGJ/T 87）的有关规定。

d. 岩石试样可利用钻探岩芯制作或在井探、槽探、洞探或平硐中凿取，采取的试样尺寸应满足岩体力学试验试块加工的要求。

4）场地稳定性评价。

a. 采空区场地稳定性评价，应根据采空区类型、开采方法及顶板管理方式、终采时间、地表移动变形特征、采深、顶板岩性及松散层厚度、煤（岩）柱稳定性等，宜采用定性与定量评价相结合的方法划分为稳定，基本稳定和不稳定。

b. 采空区场地稳定性可采用开采条件判别法、地表移动变形判别法、煤（岩）柱稳定分析法等进行评价。在详细勘察阶段应根据地表移动变形观测结果，验证、评价采空区场地稳定性。

5）采空区治理措施。

a. 煤矿采空区治理范围应包括对拟建工程有影响的采空区。

b. 不同区段的采空区，应根据采空区规模、采空区稳定性评价结论，拟建建（构）筑物重要性等级及特点等，采取分区治理措施。治理效果应经检测符合要求后，再进行主体工程施工。

c. 采空区综合治理措施应根据建（构）筑物本身的允许变形能力，采取地下开采、地下工程加固、地表建筑物结构加固或预防措施等。

d. 地面塌陷治理应根据地面塌陷的类型、规模、发展变化趋势、危害大小等特征，因地制宜，综合治理。对未达到稳定状态的区域，宜采取监测、示警及临时工程措施；对达到稳定状态的区域，应采取防渗处理，削高填低、回填整平；挖沟排水等综合治理措施。

e. 地裂缝治理应根据规模和危害程度采取不同的措施。规模和危害程度较小时，可采用土石填充并夯实，以及防渗处理等措施，规模和危害程度较大时，可采取填充、灌浆等措施。

f. 崩塌、滑坡治理，可采用清理废土石和危岩，或修筑拦挡工程和排水工程；潜在的崩塌、滑坡灾害，可采用削坡减荷、锚固、抗滑、支挡、排水、截水等工程措施进行治理。对受正在开采的采空区影响的滑坡治理，还应采取留设保护煤（岩）柱的开采保护措施。

g. 对泥石流治理，可采用清理泥土石，或修筑拦挡工程防止形成新的泥石流物源；潜在的泥石流隐患可采用疏导、切断或固化泥石流物源等措施。

4. 地下水

（1）根据建筑的工程需要，初设阶段对地下水的勘察应采用调查与现场勘察方法，初步查明地下水的性质和变化规律，提供水文地质参数；针对地基基础型式、基坑和边坡支护形式、施工方法等情况分析评价地下水对工程设计、施工和环境影响，预估可能产生的危害，提出预防和处理措施的建议。判定水和土对建筑材料的腐蚀性；水、土的腐蚀性评价详见附录 H。

注：当有足够经验或充分资料，认定工程场地及其附近的土或水（地下水或地表水）对建筑材料为微腐蚀时，可不取样试验进行腐蚀性评价，但在勘察报告中应给予评价说明。

（2）当遇到下列情况时应进行专门的水文地质勘察：

1）场地水文地质条件复杂，在基坑开挖过程中需要对地下水进行控制

（降水或隔渗），且已有资料不能满足要求时。

2）无经验地区，地下水的变化或含水层的水文地质特性对地基评价、蓄水池抗浮和工程降水有重大影响时。

3）对情况复杂的重要工程，需论证使用期间水位变化和需提出抗浮设防水位时，应进行专门研究。

4）进行专门的水文地质勘察，应满足《岩土工程勘察规范》（GB 50021）。

（3）地下水位的量测应符合下列规定：

1）地下水位量测宜在探井或采用套管钻进的钻孔中量测；当在泥浆护壁钻孔中量测时，应清水循环冲洗后量测，确保量测的准确性。

2）多层含水层的水位量测应采取止水措施，将被测含水层与其他含水层隔开后测其稳定水位。

3）初见水位应在遇地下水时量测，稳定水位的量测时间间隔应按地层渗透性确定，对碎石土和砂土不得少于 0.5h，对粉土和黏性土不得少于 8h，并宜在勘探结束后统一量测稳定水位。当水位埋深有较大变化时应观察周围环境变化并查找原因。

4）量测读数至厘米，精度不得低于±2cm。

5）对位于岸边的工程，地表水与地下水应同时量测，并注明量测时间，以了解地下水与地表水之间的水力联系。

（4）水试样的采取和试验应符合下列规定：

1）采取的地下水水样应有代表性；当存在对基础有影响的多层地下水时，应分层取样。

2）钻孔中取水应在洗孔后采取，取水容器应先用所取水洗三次以上，取样后应立即封存，贴好水样标签。

3）取水数量应不少于 500mL，测定侵蚀性 CO_2 时应另行采取一瓶水样，并加大理石粉作为稳定剂。

4）水试样应防冻和阳光照射，并应及时试验，清洁水放置时间不宜超过 72h，稍受污染的水不宜超过 48h，受污染的水不宜超过 12h。

（5）水试样的腐蚀性试验项目和试验方法应符合《岩土工程勘察规范》（GB 50021）的规定。

（6）水对建筑材料的腐蚀性评价应符合《岩土工程勘察规范》（GB 50021）的规定，详见附录 H。

5. 不良地质作用和地质灾害

查明拟建工程场地或其附近是否存在对工程安全有影响的滑坡、危岩或崩塌、泥石流、倒石堆等不良地质作用。变电站应避开上述地段。

二、勘察手段及方法

1. 勘探、取样

（1）变电站初步设计阶段岩土工程勘察，应按规定进行取土试样和原位测试。

1）取土试样和进行原位测试的勘探点宜在平面上均匀分布，并结合站址地貌单元、地层结构和土的工程性质布置，其数量应根据地层复杂程度确定，可为勘探点总数的 1/3～1/2。

2）取土试样或原位测试的数量和竖向间距应按地层特点和土的均匀程度确定，每层土均应采取土试样或进行原位测试。且每一主要上层的试样或原位测试数量不得少于 6 件（个），用于进行试验结果统计分析。对影响地基稳定和变形的软弱夹层应取土试样或进行原位测试。

3）当获取原状土较为困难时，可多进行一些原位测试手段，如标准贯入试验、动力触探试验等，对其结果进行统计分析，并综合分析评价地基土的工程性质。

（2）在岩石中进行钻探时，应测定 RQD 指标，并判定岩石的风化程度。

2. 原位测试

（1）原位测试项目主要有静力触探试验、标准贯入试验、动力触探试验、十字板剪切试验、扁铲侧胀试验、旁压试验、波速试验。

（2）当采用静力触探试验或标准贯入试验、动力触探试验、旁压试验时，整个场地不应少于 3 个孔。

3. 室内试验

对于外业施工所取的各类土的常规物理性质指标和力学指标均需测定。对于基岩地区，宜取岩芯进行饱和单轴抗压强度的测定。

三、岩土工程勘察报告的内容及深度

1. 勘察报告内容

岩土工程勘察报告应根据任务要求、勘察阶段、工程特点和地质条件等具体情况编写，并应包括下列内容：

（1）工程与勘察工作概况。

（2）场地地形、地貌、地层、地质构造、岩土性质及其均匀性。

（3）各项岩土性质指标，岩土的强度参数、变形参数、地基承载力的建议值。

（4）地下水埋藏情况、类型、水位及其变化。

（5）场地土和水对建筑材料的腐蚀性。

（6）可能影响工程稳定的不良地质作用的描述和对工程危害程度的评价。

（7）场地稳定性和适宜性的评价。

2. 勘察报告内容详细要求

（1）勘察报告在叙述拟建工程概况时，应明确下列内容：

1）工程名称、委托单位、勘察阶段、场地位置、层数（地上和地下）或高度，拟采用的结构类型、基础型式和埋置深度。

2）变电站建（构）筑物结构安全等级、场地复杂程度等级、岩土工程勘察等级。

（2）勘察报告在叙述勘察目的、任务要求和依据的技术标准时，应以勘察任务委托书为依据，并写明依据的技术标准。

（3）勘察报告在叙述勘察方法及勘察工作完成情况时，应包括下列内容：

1）工程地质测绘或调查的范围、面积、比例尺以及测绘、调查的方法。

2）勘探点的布置原则、勘探方法及完成工作量。

3）原位测试的种类、数量、方法。

4）采用的取土器和取土方法、取样（土样、岩样和水样）数量和质量。

5）岩土室内试验和水（土）质分析的完成情况。

6）勘探点坐标及标高的测量系统及引测依据。

7）引用已有资料情况。

8）协作单位的说明。

9）其他问题说明。

3. 场地环境及工程地质条件

（1）场地环境及工程地质条件主要包括以下内容：

1）根据工程需要叙述气象和水文情况。

2）根据工程需要叙述区域地质构造情况。

3）场地及周边的地形、地貌。

4）不良地质作用及地质灾害的种类、分布、发育阶段、发展趋势及对工程的影响。

5）场地各层岩土的年代、类型、成因、分布、工程特性，岩层的产状、岩体结构和风化情况。

6）埋藏的河道、沟浜、池塘、墓穴、防空洞、孤石等对工程不利的埋藏物的特征、分布。

7）地下水和地表水。

（2）土的分类与描述及岩土分层应在检查、整理钻孔（探井）记录的基础上，结合室内试验的开土记录和室内试验结果综合确定，各类土的分类与鉴定详见附录 G。

（3）场地地下水的描述一般应包括下列内容：

1）地下水的类型、勘察时的地下水位（初见、稳定）及变化幅度；当存在对工程有影响的多层水时，其水位应分别提供；当存在对工程有影响承压水时，提供承压水头。

2）当需绘制地下水等水位线图时，应根据地下水的埋藏条件和层位，统一测量地下水位。稳定地下水位的测量时间应在初见水位测量后根据地层渗透性确定，对碎石土和砂土不得少于 0.5h，对粉土和黏性土不得少于 8h。最终的稳定水位宜在勘探结束后统一测量。

3）提供历史最高水位、近 3～5 年最高地下水位调查成果，并说明地下水的补给、径流和排泄条件，地表水与地下水的补排关系，是否存在对地下水和地表水的污染源和污染程度。

4）在冻土地区，应评价地下水对土的冻胀和融陷的影响。

5）对工程有影响的地表水情况。

（4）地下水的物理、化学作用的评价应包括下列内容：

1）对地下水位以下的工程结构，应评价地下水对混凝土、钢筋混凝土结构中钢筋的腐蚀性。

2）对软质岩石、强风化岩石、全风化岩石、残积土、湿陷性土、膨胀岩土和盐渍岩土，应评价地下水的聚集和散失所产生的软化、崩解、湿陷、胀缩和潜蚀等有害作用。

3）在污染场地，分析评价地下水受污染程度及对工程建设的有害影响。

（5）根据工程需要，应按下列内容评价地下水对工程的力学作用和影响：

1）验算基坑和边坡稳定时，应考虑地下水及其动水压力对基坑和边坡稳定的不利影响。

2）采取降水措施时在地下水位下降的影响范围内，应评价降水引发周边环境、地面沉降及其对工程的危害；当地下水位回升时，应考虑可能引起的回弹和附加的浮托力等。

3）在湿陷性黄土地区应考虑地下水位上升对湿陷性的影响。

4）当墙背填土为粉砂、粉土或黏性土，验算支挡结构物的稳定时，应根据不同排水条件评价静水压力、动水压力对支挡结构物的作用。

5）在有水头压差而产生自下向上的渗流的粉细砂、粉土地层中，应评价产生潜蚀、流砂、管涌的可能性。

6）在地下水位下开挖基坑时，应根据岩土的渗透性、地下水补给条件，分析评价降水或隔水措施的可行性及其对基坑稳定和邻近工程的影响。

7）对基础、地下结构物和挡土墙应考虑在最不利组合情况下地下水对结构物的上浮作用。

8）当基坑以下存在承压含水层时，应评价坑底土层的隆起或产生突涌的可能性，并提出预防措施的建议。

9）在砂土、粉土、卵石地层中，当可能受潮汐波动或地下水渗流影响时，应评价灌注桩、搅拌桩以及注浆工程产生水泥土流失或水泥浆液成支脉状流失的影响。

4. 场地和地基的地震效应

（1）勘察报告在说明和评价场地和地基的地震效应作用时应包括下列内容：

1）抗震设防要求（抗震设防烈度、设计地震分组、设计基本地震加速度）。

2）划分对建筑有利、一般、不利和危险的地段。

3）建筑的场地类别划分；对挖填方面积较大的场地，宜根据站址设计场平标高，分区域划分建筑场地类别。

4）场地液化判别。

5）当场地类别、液化程度差异较大时应进行分区分别评价。

（2）抗震设防烈度按国家规定的权限审批、颁发的文件（图件）确定。

（3）建筑的场地类别划分，应以土层等效剪切波速和场地覆盖层厚度按《建筑抗震设计规范》（GB 50011）划分。当站址位于不同的地质单元时，剪切波速测试的钻孔的位置和数量应按地质单元确定，同一地质单元剪切波速测试钻孔数量不少于 3 个。

（4）存在饱和砂土和饱和粉土（不含黄土）的地基，地震烈度为 7 度及以上时应进行液化判别；地震烈度为 6 度时，对于沉陷敏感的乙类建（构）筑物和重要的生产建（构）筑物，应按照地震基本烈度 7 度进行液化判别。

（5）存在液化土层的地基，应根据建筑的抗震设防类别、地基的液化等级，提出合适的抗液化措施建议。

（6）地震液化的进一步判别应在地面以下 20m 的范围内进行，地震液化判别的勘探点数量应根据勘察阶段、工程建设规模和场地岩土条件等综合确定，且同一工程地质单元不应少于 3 个，勘探孔深度应大于液化判别深度。

（7）当采用标准贯入试验判别液化时，应按每个试验孔的实测击数进行。在需作判定的土层中，试验点的竖向间距不大于 1.5m。每层土的试验点数不宜少于 6 个；对粉土，每一标贯试验点应取其贯入器中有代表性的扰动土样进行黏粒含量测试。

（8）凡判别为可液化的土层，应按《建筑抗震设计规范》（GB 50011）的规定确定其液化指数和液化等级。

5. 岩土参数的统计、分析和选用

（1）岩土工程分析评价应在定性分析的基础上进行定量分析。对岩土体的变形、强度和稳定性应做定量分析；对场地的适宜性、场地地质条件的稳定性，可仅作定性分析。

（2）岩土参数应按场地划分的工程地质单元和层位分别统计，参数统计数不宜少于 6 个（组）。

（3）勘察报告应按岩土层计算提供各项试验、原位测试指标的最大值、最小值、平均值、标准差、变异系数、标准值和统计数量。

（4）地基土工程特性指标的代表值，分别为标准值、特征值及平均值。抗剪强度指标、岩石单轴抗压强度指标和确定地基承载力时所使用的物理特征指标及触探试验指标应取标准值，载荷试验承载力取特征值，物理指标、压缩性指标和判别土的状态时所使用的触探试验指标应取平均值。

6. 地基承载力及变形参数

（1）岩土工程勘察报告应提供岩土的变形参数和地基承载力的建议值。

地基承载力特征值可由载荷试验或其他原位测试、公式计算、并结合工程实践经验等方法综合确定；土的压缩性指标可采用原状土室内压缩试验、原位浅层或深层平板载荷试验、旁压试验确定。

（2）特殊土的地基承载力评价应根据特殊土的相关规范和地区经验进行。

1）软土地基承载力的确定应按《软土地区岩土工程勘察规程》（JGJ 83）执行。

2）岩石地基应根据《岩土工程勘察规范》（GB 50021）划分和评定岩石坚硬程度、岩体完整程度、风化程度和岩体基本质量等级，其承载力特征值应按《建筑地基基础设计规范》（GB 50007）有关规定确定。

注：由经验理论公式计算时，勘察报告中应说明理论公式的出处和参数的取值。

7. 场地的稳定性和适宜性评价

（1）初设报告应进行场地稳定性和适宜性的评价，阐明影响建筑的各种稳定性及不良地质作用的分布及发育情况，评价其对工程的影响。场地地震效应的分析与评价应符合《建筑抗震设计规范》（GB 50011）的有关规定；建筑边坡稳定性的分析与评价应符合《建筑边坡工程技术规范》（GB 50330）的有关规定。

（2）场地稳定性和适宜性的评价应符合下列规定：

1）选择建筑场地时，应根据工程需要和地震活动情况、工程地质和地震地质的有关资料，对抗震有利、一般、不利和危险地段作出综合评价。对不利地段，应提出避开要求；当无法避开时应采取有效的措施；对危险地段，严禁建造甲、乙类的建筑，不应建造丙类的建筑。

2）应避开浅埋的全新活动断裂和发震断裂，避让的最小距离应按《建筑抗震设计规范》（GB 50011）的规定确定。可不避开非全新活动断裂，但应查明破碎带发育程度，并采取相应的地基处理措施。

3）应避开正在活动的地裂缝，避开的距离和采取的措施应按有关地方标准的规定确定。

4）在地面沉降持续发展地区，应搜集地面沉降历史资料，预测地面沉降发展趋势，提出建筑应采取的措施。

5）在溶洞和土洞强烈发育地段，应查明基础底面以下溶洞、土洞大小和顶板厚度，研究地基加固措施。经技术经济分析认为不可取时，应另选场地。在地下采空区，应查明采空区上覆岩层的性质、地表变形特征、采空区的埋深和范围，评价场地稳定性。对有塌陷可能的地下采空区，应另选场地。

6）场地或场地附近有滑坡、滑移、崩塌、塌陷、泥石流、岩溶、采空区等不良地质作用时，应进行专门勘察，分析评价在地震作用时的稳定性。

7）位于斜坡地段的建筑和构筑物，其场地稳定性评价应符合下列规定：

a. 对选在滑坡体附近的建筑场地，应对滑坡进行专门勘察，验算滑坡稳定性，论证建筑场地的适宜性，并提出治理措施；

b. 位于坡顶或临近边坡下的建筑物，应评价边坡整体稳定性、分析判断整体滑动的可能性。

8）场地稳定性评价可采用定性的评判方法，分级应符合附录 C 的规定。

9）工程建设适宜性评价宜采用定性和定量相结合的综合评判方法，定性评价应符合附录 D 的规定，按附录 D 评定划分为适宜的场地，可不进行工程建设适宜性的定量评价，否则应进行工程建设适宜性的定量评价，定量评价具体方法按《城乡规划工程地质勘察规范》（CJJ 57—2012）第 8.3.4 条～第 8.3.6 条规定进行。当采用定性和定量评价方法分别确定的工程建设适宜性级别不一致时，应分析原因后综合评判。

8. 腐蚀性评价

（1）评价地下水对混凝土结构及钢筋混凝土结构中钢筋的腐蚀性。

（2）评价地基土对混凝土结构及钢筋混凝土结构中的钢筋的腐蚀性，评价地基土对钢结构的腐蚀性。

9. 天然地基的分析与评价

（1）根据工程需要，天然地基的分析评价主要包括下列内容：

1）场地、地基稳定性。

2）地基均匀性。

3）确定和提供各岩土层尤其是地基持力层承载力特征值的建议值和使用条件。

4）对地基基础方案提出建议。

5）工程需要时验算下卧层强度，估算建筑物的沉降、倾斜、差异沉降。

（2）对判定为不均匀的地基，应提出相应建议。

当采用天然地基不能满足设计要求时，应提供地基处理建议或桩基础建议。

10. 地基处理分析评价

（1）需进行地基处理时，岩土工程分析评价主要包括下列内容：

1）地基处理的必要性、处理方法的适宜性。

2）地基处理方法、范围的建议。

3）针对可能采用的地基处理方案，提供地基处理设计和施工所需的岩土特性参数。

4）评价地基处理对环境的影响并提出地基处理设计施工注意事项。

（2）地基处理除应满足工程设计要求外，尚应做到因地制宜、就地取材、保护环境和节约资源等。

11. 桩基评价

桩基评价应包括下列内容：

（1）推荐经济合理的桩端持力层。

（2）对可能采用的桩型、规格及相应的桩端入土深度（或高程）提出建议。

（3）提供所建议桩型的侧阻力、端阻力和桩基设计、施工所需的其他岩土参数；桩基设计参数可依据土工试验或原位测试数据参考附录J给定。

（4）评价地下水对桩基设计和施工的影响，判定水质对建筑材料的腐蚀性。

12. 不良地质作用和地质灾害

对不良地质作用整治过程中应注意的事项进行阐述，不良地质作用主要包括滑坡、危岩、崩塌、泥石流、采空区与地面沉降。

13. 特殊性岩土评价

特殊土的岩土工程评价应根据相应的规范进行。特殊土主要包括湿陷性土、红黏土、软土、填土、多年冻土、膨胀岩土和盐渍土等。

14. 基坑工程的分析与评价

基坑工程的分析评价主要包括下列内容：

（1）阐述基坑周围岩土条件、周围环境概况及基坑工程安全等级。

（2）提供岩土的重度和抗剪强度指标的标准值等参数，并说明抗剪强度的试验方法。

（3）分析基坑施工与周围环境的相互影响。

（4）提出基坑开挖与支护方案的建议。

（5）基坑开挖需进行地下水控制时，提出地下水控制所需水文地质参数及防治措施建议。

15．结论与建议

（1）岩土工程勘察报告应资料完整、真实准确、数据无误、图表清晰、结论有据、建议合理，并应因地制宜，重点突出，有明确的工程针对性。

（2）岩土工程勘察报告的结论与建议一般应包括下列内容：

1）对场地条件和地基岩土条件的评价。

2）场地稳定性及适宜性评价。

3）地震效应结论。

4）水（土）对建筑材料腐蚀性。

5）推荐持力层及承载力，建议基础型式和埋深。若采用桩基础，应建议桩型、桩径及桩端持力层。若采用地基加固处理，应推荐地基处理方案，提供设计参数。

6）地下水对基础施工的影响和防护措施。

7）基坑支护措施的建议。

8）季节性冻土地区场地土的标准冻结深度。

9）提请设计和施工中应注意事项。

10）工程施工对环境的影响及防治措施的建议。

11）其他重要结论及需要专门说明的问题。

第三节 变电站工程施工图设计阶段勘察

施工图设计阶段变电站建（构）筑物总平面图布置、地基基础设计方案和岩土治理方案已基本确定，因此勘察应针对不同的建（构）筑物进行，并对施工及运行可能引起的地质问题进行分析评价。

一、工程勘察基本要求及方案布置

1．主要工作

（1）搜集附有坐标和地形的建筑总平面图，场区的地面整平标高，建筑物的性质、规模、荷载、结构特点、基础型式、埋置深度、地基允许变形等资料。

（2）查明不良地质作用的类型、成因、分布范围、发展趋势和危害程度，提出整治方案的建议。

（3）查明建筑范围内岩土层的类型、深度、分布、工程特性以及特殊性岩土的性质，尤其应查明基础下软弱和坚硬地层分布，以及各岩土层的物理力学性质；提供地基承载力特征值及抗剪强度压缩模量等指标；论证采用天然地基基础型式的可行性，对持力层选择、基础埋深等提出建议；提供复合地基或桩基础的设计参数。

（4）对需进行沉降计算的建筑物，提供地基变形计算参数，预测建筑物的变形特征。

（5）查明埋藏的河道、沟浜、墓穴、防空洞、孤石等对工程不利的埋藏物。

（6）查明地下水的埋藏条件，提供地下水位（初见、稳定）及其变化幅度。

（7）查明不良地质作用的类型、成因、分布范围、发展趋势和危害程度，提出具体整治方案的建议。

（8）分析和预测施工过程中可能引起的环境地质问题，并提出预防措施及建议。

（9）对基坑工程的设计、施工方案提出意见。

（10）论证地下水在施工期间对工程和环境的影响。对情况复杂的重要工程，需论证使用期间水位变化和需提出抗浮设防水位时，应进行专门研究。

2. 勘探点的平面布置原则

（1）控制性勘探点的数量应按场地复杂程度确定，且不宜少于勘探点总数的 1/3。主要建（构）筑物或对地基变形敏感的建（构）筑物应布置有控制性勘探点。

（2）主控楼、配电装置楼的勘探点可治基础柱列线、轴线或轮廓线布置，勘探点间距宜为 30～50m，且每个单体建筑的勘探点数量不应少于 2 个。

（3）变压器区域应布置勘探点，每台变压器的勘探点数量不应少于 1 个。

（4）构架、支架场地可结合基础位置按方格网布置，勘探点间距宜为 30～50m。

（5）其他建（构）筑物地段可根据场地条件及建（构）筑物布置按建筑群布置勘探点。

（6）对于简单场地或复杂场地应根据地形、地貌和地层变化情况增减勘探点。

（7）桩基工程勘探点的平面布设应符合下列规定：

1）勘探点应沿建筑物轮廓及柱列布置，勘探点间距宜为 10～30m，对于持力层起伏较大的风化基岩上的端承桩，必要时宜逐基钻探。

2）对于岩溶发育地区的大直径嵌岩桩及一柱一桩的基础，应逐桩布置勘探点。

3）对于岩溶发育地区的主控制楼等主要建（构）筑物，当基底或桩端以下岩溶洞隙强烈发育或基岩面起伏较大时，应沿基础边线或桩周加密布置勘探点，每个基础或基桩布置的勘探点不应少于 1 个，并适当加深勘探深度；当采用梁板跨越或洞底支撑处理时，应在梁板端部或支撑基础位置各布置 1～2 个勘探点。

4）基坑底出现岩溶洞隙时，应查清洞隙的延伸范围、发育及充填情况。

3. 勘探点深度

（1）勘探孔深度应能控制地基主要受力层，当基础底面宽度不大于 5m 时，勘探孔的深度对条形基础不应小于基础底面宽度的 3 倍，对单独柱基不应小于 1.5 倍，且不应小于 5m；勘探点的深度均自基础底面算起。

（2）控制性勘探孔的深度应超过地基变形计算深度，位于架构、支架区的控制性勘探孔的深度可为 5～12m，其他地段的控制性勘探孔的深度可为 8～20m。

（3）在预定深度范围内遇到基岩时，一般性勘探孔在达到确认的基岩后即可终孔，控制性勘探孔入岩深度不宜小于 3m；在预定勘探深度遇到弱地层时，勘探孔深度应适当加深或钻穿软弱地层；当拟订基础埋深以下有厚度大于 3m，分布均匀的坚实土层，且其下无软弱下卧层时，除控制性勘探孔深度应达到规定深度外，一般性勘探孔达到该层顶面即可。

（4）桩基工程勘探孔的深度应符合下列规定：

1）对于端承桩，在第四系地层中，一般性勘探点的深度应达到桩端以下不少于 4d，控制性勘探点深度应满足桩基沉降计算的需要；当桩端持力层为岩石时，勘探点深度宜进入桩端以下 $1d$～$3d$（d 为桩径），控制性勘探点可至桩端以下 $3d$～$5d$。

2）岩溶地区当基础底面以下土层厚度超过 3 倍独立基础或 6 倍条形基础宽度，且不具备形成土洞的条件时，勘探孔的深度应超过地基变形计算深度；当不具备上述条件时，应钻穿土层，进入基岩一定深度；当在预定勘探深度内遇有岩溶时，应钻穿岩溶带至中风化岩层不少于 2m。

3）对可能有多种桩长方案时，勘探孔的深度应根据最长桩方案确定。

（5）对有地下室的建筑，当不能满足抗浮设计要求，需设置抗浮桩或锚杆时，勘探孔深度应满足抗拔承载力评价的要求。

（6）当需进行地基整体稳定性验算时，控制性勘探孔深度应根据具体条件满足评价和验算要求。

（7）当需进行地基处理时，勘探孔的深度应满足地基处理设计与施工要求。

（8）评价土的湿陷性、膨胀性、砂土地震液化、查明地下水渗透性等钻孔深度，应按有关规范的要求确定。

4. 取样及原位测试要求

（1）采取土试样和进行原位测试的勘探孔的数量同初设阶段一致。

（2）每一主要土层的原状土试样或原位测试数据不应少于 6 件（组）。

（3）当土层性质不均匀时，应增加取土试样或原位测试数量。

二、岩土工程勘察报告的主要内容及深度

本阶段勘察报告编制的原则及内容可参考初步设计阶段，但重点应分析变电站不同建筑地段的岩土工程条件与地基基础方案，并对施工过程中可能出现的问题进行预测，并提出建议与措施。下面仅论述本阶段勘察报告中应重点关注的问题及事项。

1. 天然地基的分析与评价

（1）根据工程需要，天然地基的分析评价主要包括下列内容：

1）场地、地基稳定性。

2）地基均匀性。

3）确定和提供各岩土层尤其是地基持力层承载力特征值的建议值和使用条件。

4）对地基基础方案提出建议。

5）工程需要时验算下卧层强度，估算建筑物的沉降、倾斜、差异沉降。

6）必要时对设计单位初定的基础埋置深度提出调整建议。

（2）对判定为不均匀的地基，应提出相应建议。

2. 桩基础分析评价

（1）桩基评价。

1）推荐经济合理的桩端持力层。

2）对可能采用的桩型、规格及相应的桩端入土深度（或高程）提出建议。

3）提供所建议桩型的侧阻力、端阻力和桩基设计、施工所需的其他岩土参数。

4）分析成桩可行性、挤土效应、桩基施工对环境的影响以及设计、施工应注意的问题。

5）评价地下水对桩基设计和施工的影响，判定水质对建筑材料的腐蚀性。

6）当有软弱下卧层时，验算软弱下卧层强度。

7）对欠固结土和有大面积堆载、回填土、自重湿陷性黄土等工程，分析桩侧产生负摩阻力的可能性及其影响，并提供负摩阻力系数和减少负摩阻力措施的建议。

8）对位于坡地、岸边的桩基应进行桩基的整体稳定性验算。持力层为倾斜地层，基岩面凹凸不平或岩土中有洞穴时，应评价桩的稳定性，并提出处理措施的建议。

9）需要抗浮的工程，应提供抗浮设计岩土参数。

10）当需用静力载荷试验或其他方法验证或确定单桩承载力时，应提出相关建议。

（2）在湿陷性黄土场地采用桩基础，桩端必须穿透湿陷性黄土层，并应符合下列要求：

1）在非自重湿陷性黄土场地，桩端应支承在压缩性较低的非湿陷性黄土层中。

2）在自重湿陷性黄土场地，桩端应支承在可靠的岩（或土）层中。

（3）软土中的桩基应选择软土中的夹砂或硬塑黏性土层以及其下的基岩层作为持力层。当处理杂填土、暗浜、暗塘等浅层地基，桩须置于软土中时，以桩侧摩阻力支承，不考虑桩端阻力。

3．地基处理分析评价

（1）需进行地基处理时，岩土工程分析评价主要包括下列内容：

1）地基处理的必要性、处理方法的适宜性。

2）地基处理方法、范围的建议。

3）针对可能采用的地基处理方案，提供地基处理设计和施工所需的岩土特性参数。

4）评价地基处理对环境的影响并提出地基处理设计施工注意事项。

5）提出地基处理现场试验、检测的建议。

（2）地基处理除应满足工程设计要求外，尚应做到因地制宜、就地取材、保护环境和节约资源等。

（3）在湿陷性黄土地区，当地基的湿陷变形、压缩变形或承载力不能满足设计要求时，应针对不同土质条件和建筑物的类别，在地基压缩层内或湿陷性黄土层内采取处理措施。

4. 不良地质作用和地质灾害评价

（1）滑坡勘察报告除应符合本章节有关内容外，尚应包括下列内容：

1）滑坡的地质背景和形成条件。

2）滑坡的形态要素、性质和演化。

3）提供滑坡的平面图、剖面图和岩土工程特性指标。

4）滑坡稳定分析。

5）滑坡防治和监测的建议。

（2）危岩和崩塌区的岩土工程勘察报告除应符合本章节的有关内容外，还需阐明危岩和崩塌区的范围、类型，作为工程场地的适用性，并提出防治方案的建议。

（3）泥石流岩土工程勘察报告除应符合本章节的有关内容外，还需包括下列内容：

1）泥石流的地质背景和形成条件。

2）形成区、流通区、堆积区的分布和特征，绘制专门工程地质图。

3）划分泥石流类型，评价其对工程建设的适宜性。

4）泥石流防治和监测的建议。

（4）采空区与地面沉降的勘察与评价应符合《岩土工程勘察规范》（GB 50021）、《变电站岩土工程勘测技术规程》（DL/T 5170）及《煤矿采空区岩土工程勘察规范》（GB 51044）相关章节的规定。

（5）岩溶区的勘察与评价应符合《岩土工程勘察规范》（GB 50021）及《变电站岩土工程勘测技术规程》（DL/T 5170）相关章节的规定。

5. 基坑工程的分析与评价

（1）基坑工程的分析评价主要包括下列内容：

1）阐述基坑周围岩土条件、周围环境概况及基坑工程安全等级。

2）提供岩土的重度和抗剪强度指标的标准值等参数，并说明抗剪强度的试验方法。

3）分析基坑施工与周围环境的相互影响。

4）提出基坑开挖与支护方案的建议。

5）基坑开挖需进行地下水控制时，提出地下水控制所需水文地质参数及防治措施建议。

6）施工阶段的环境保护和监测工作的建议。

7）必要时对软土的物理力学特性、软岩失水崩解、膨胀土的胀缩性和裂隙性、非饱和土的增湿软化等岩土的特殊性质对基坑工程的影响进行评价。

（2）当基坑底部为饱和软土或基坑深度内有软弱夹层时，应建议设计进行抗隆起、突涌和整体稳定性验算；当基坑底部为砂土，尤其是粉细砂地层和存在承压水时，应建议设计进行抗渗流稳定性验算；提供有关参数和防治措施的建议；当土的有机质含量超过 10%时，应建议设计考虑水泥土的可凝固性或增加水泥含量。

6. 结论与建议

（1）岩土工程勘察报告应资料完整、真实准确、数据无误、图表清晰、结论有据、建议合理，并应因地制宜，重点突出，有明确的工程针对性。

（2）岩土工程勘察报告的结论与建议应包括内容：

1）对场地条件和地基岩土条件的评价。

2）场地稳定性及适宜性评价。

3）地震效应结论。

4）水（土）对建筑材料腐蚀性。

5）推荐持力层及承载力，建议基础型式和埋深。若采用桩基础，应建议桩型、桩径及桩端持力层。若采用地基加固处理，应推荐地基处理方案，提供设计参数。

6）地下水对基础施工的影响和防护措施。

7）基坑支护措施的建议。

8）季节性冻土地区场地土的标准冻结深度。

9）提请设计和施工中应注意事项。

10）工程施工对环境的影响及防治措施的建议。

11）其他重要结论及需要专门说明的问题。

第三章 架空线路工程勘察

架空输电线路岩土工程勘察是指采用各种勘察手段和方法，对线路沿线的工程地质条件进行调查研究与分析评价的活动。架空输电线路岩土工程勘察包括了两方面的内容：查明沿线工程地质条件与评价岩土工程问题。岩土工程问题就是杆塔基础与工程地质条件的相互作用，评价岩土问题的前提是了解杆塔基础型式和受力情况。

线路勘察工作中路径方案的可行性与合理性比较重要，故而不同专业之间的协同设计显得尤为重要。勘察工作前期，接收到任务书后，要及时向设计专业了解项目的详细信息，明确设计杆塔拟采用的基础型式，明确项目的工作内容与范围，各种接口关系及设计要求；勘察工作中期，对于项目施工中或内业整理过程中发现的影响设计的问题及时与设计专业沟通，实现协同勘察。

架空线路工程的勘察阶段与设计阶段相同，均划分为可行性研究、初步设计和施工图设计三个阶段，必要时应进行施工勘察。不同勘察阶段有不同的任务，如下所述：

可行性研究阶段为论证拟选线路路径的可行性与合理性提供所需的岩土工程勘察资料，主要任务在于路径方案的比较与选择。初步设计阶段应为选定线路路径方案、确定重要跨越段及地基基础初步方案提供所需的岩土工程勘察资料，符合初步设计阶段的要求，主要任务在于对选定路径方案的分段评价。施工图设计阶段中，岩土工程勘察应为杆塔定位并针对具体杆塔的基础设计及其环境整治提供岩土工程勘察资料，为设计、施工提出岩土工程建议，主要任务在于选定适宜建设的塔位。

从可行性研究阶段到施工图设计阶段，岩土工程勘察范围由面、带、段到点逐步缩小，勘察精度逐渐提高，勘察关键点同步发生变化。

可行性研究阶段是从确定了起止点的面域中选出适宜于架空输电线路建设地带；初步设计阶段区分选定带各段工程地质条件差异性是其首要目标，只有在分段的基础上才可能提出针对性的岩土工程勘察资料；施工图设计阶段逐基勘察并提供勘察资料。

面→带→段→点的过程是一个筛选过程。施工图设计阶段前各勘察阶段勘察目标是确保推荐路径方案在允许长度范围内能够选出足够多的适宜杆塔建设的塔位；施工图是前两阶段勘察目标的具体实现。

第一节　架空线路工程可行性研究阶段勘察

一、勘察基本要求及方案布置

1. 主要工作

（1）了解工程背景情况。接受勘察任务书，搜集或取得地形图、设计条件等与工程相关的各种资料。

（2）调查工程地质条件。调查线路通过区域的地形地貌、地层岩性、地质构造、地下水、不良地质作用与地质灾害等工程地质条件、矿产资源、交通植被及可改变工程地质条件的人类活动等。

（3）推荐最优路径。在分析判断各路径可行性的基础之上，从工程地质条件最优的角度推荐最优路径。

（4）沿线不良地质作用发育时，应分析对工程建设的影响，并提出避让、专项勘察或专题研究的建议。

依据规范，采空区移动盆地活动地带、岩溶强烈发育地带、滑坡地带、泥石流发育地带、其他需要进行专项勘察的地带等特殊地质条件地段应启动专项勘察。

2. 工程地质条件要素调查

（1）调查内容。可行性研究阶段应调查工程地质条件及其可能改变工程地质条件的相关内容，见表3-1。

表 3-1　　　　　　　工程地质条件调查内容与调查目的一览表

工程地质条件及其改变因素	调查内容	调查目的
地形地貌	山地区：地貌类型、主要地貌单元、海拔高程、地形起伏状态、地形坡度、水系与山系分布状态、有无地形狭窄区分布 平地区：河流水系分布状态、古（故）河道、鱼塘等人工地貌分布状态与范围	掌握地貌单元平面分布情况，不同地貌单元有不同的岩土工程问题；地形狭窄区应落实路径穿越可行性

续表

工程地质条件及其改变因素	调查内容	调查目的
地层岩性	山地区：地质时代、成因类型、第四系土层厚度、岩体风化样式、岩体风化分带厚度、岩体完整性、岩石坚硬度、可溶性岩石分布范围、含重要矿产地层分布及其与路径方案的相对关系 平地区：第四系土层成因类型、时代、液化土分布范围、软土分布范围、土层颗粒组成的竖向变化（主要指黏性土与砂土是否存在交替沉积）	从宏观上了解地基条件，同时为塔位稳定性提供基础性资料，平地区需了解地层岩性的空间分布状态是否可能导致出现承压水
地质构造	构造类型、构造线展布方向、构造与山系和水系的相互关系、构造线与路径的相对关系	分析构造线与路径的相对关系，判断穿越区的边坡结构主要类型、含矿地层是否可以避开
地震及地震动参数	地震基本情况、地震动基本加速度等地震动参数	初判液化土液化可能性
地下水	地下水类型、地下水类型与地貌单元之间的相关性、地下水位深、水腐蚀性、地下水补给径流与排泄条件（注意工矿企业等人类活动对地下水状态的影响调查，排污水可能改变地下水的腐蚀性）、平地区还应调查是否存在多层地下水和承压水	评价水（土）腐蚀性，为基坑工程和桩基础岩土工程分析评价提供资料
特殊性岩土	湿陷性黄土、冻土、污染土、膨胀土、残积土等特殊性土的分布位置及其特殊性	了解线路沿线的特殊土的分布，为后续线路选线提供指导
不良地质作用与地质灾害	不良地质作用与地质灾害的类型、分布位置（高程与平面位置）、发育规律、是否成片分布	了解不良地质作用与地质灾害发育的宏观规律，为路径工程地质条件分段和塔位选择提供指导、掌握避让大型地质灾害点和成片地质灾害发育区的可能性
矿产资源分布与开采情况	矿产资源类型、分布、矿业权设置与开采状态	为调整与优化路径提供基础资料
植被	植被类型与覆盖情况	了解植被破坏与地质灾害发育的相关性
人类活动	道路建设、矿山开采、水电站与水库建设、村民修房建屋、鱼虾饲养等人类活动的类型与活动强度	了解工程地质条件在工程建设施工与运行阶段的可能变化，以及变化对塔位的影响

（2）调查范围与调查用地形图。可行性研究阶段调查范围应根据山地区与平地区确定，山地区不宜小于路径两侧各 5km，平地区不宜小于 1km，应综合采用室内调查与现场调查方法。工程地质调查用的地形底图一般采用 1:50 000 地形图，有条件时可采用公共影像图或更大比例尺地形图。

3. 勘察方法

工程地质调查包括野外踏勘和资料搜集两部分，野外踏勘也可以称为野外作业，资料搜集则包括室内搜集与现场搜集两部分。

（1）室内作业。室内作业主要搜集工程概况与设计条件、区域地质资料、地质灾害、相邻的工程勘察成果、路径穿越已有影像图或公共影像图等方面的资料。

1）工程信息与设计条件。工程概况与设计条件可从设计单位或建设单位收资。

2）区域地质。全国性、省级行政区和 1:20 万区域地质图是搜集的主要区域地质资料。有条件时，还可搜集不同比例尺的区域地貌单元图、区域水文地质图。

3）地质灾害。搜集相邻工程的地质灾害评估报告、路径穿越区的地质灾害分布图或评估图。

4）相邻工程勘察成果。搜集线路所经区域的其他工程勘察成果和其他工业与民用建筑的勘察成果。

（2）野外作业。野外作业包括现场资料搜集、制约性路径段调查、专业协同工作、一般路径段的代表性路径段调查、必要勘探和取样六项工作。六项工作应动态交叉进行，一般顺序是：现场资料搜集→制约性路径段调查→专业协同工作→一般路径段的代表性地段调查→必要勘探和取样。确定顺序的原则：对路径方案有颠覆性影响的工作优先进行，影响最大的最先进行，最后才是影响性小的。

1）现场资料搜集。现场资料搜集主要包括矿产资源和地质灾害资料、矿山规划和开采资料及当地工业与民用建筑的勘察成果、工程经验。

2）制约性路径段调查。路径成立与否实际上是由表 3-2 所列的制约性路径段的可穿越性决定的，因此制约性路径段应优先调查。如果制约性路径段不能穿越，应及时向电气专业提出路径调整建议。

表 3-2　　　　　　　　　制约路径段调查对象

制约路径段调查对象		概念或主要岩土工程问题简述
不良地质作用发育段	斜坡地质灾害成片发育	斜坡地质灾害是指发生于斜坡区的滑坡、崩塌和不稳定斜坡等地质灾害；路径无法穿越，导致路径方案不成立
	泥石流发育区	泥石流沟谷不能一档跨越时，圈定潜在塔位的"安全岛"宜做专项勘察
	采空区	路径是否可以穿越采空区
	岩溶区	岩溶发育程度划分；建议预留不可预见的岩溶地基处理费
交叉跨越点		跨越电力设施和非电力设施的跨越点选择

制约路径段调查对象	概念或主要岩土工程问题简述
进线段	与相邻的变电站的建（构）筑物的相对关系
出线段	

3）专业协同工作。岩土专业应及时向电气专业提供制约性路径段是否可行的结论性意见，由后者进行调整。

4）一般路径的代表性地段调查。当制约性路径段调查完毕，不存在影响路径方案成立与否的地段后，一般路径段可选取代表性地段进行工程地质调查以了解工程地质条件。

（3）专项勘察或专题研究的启动。基于路径方案的可调性，当制约性路径段无法穿越时，应优先选择避开不能穿越的区域，当无法避开制约性路径段，工程地质调查又不能准确得出能否穿越的结论时，则应启动专项勘察或专题研究。

4. 一般路径段勘察工作

（1）调查内容。一般路径段的工程地质调查宜沿路径采用图上分析与野外调查相结合的方法，调查宜符合下列要求：

1）调查丘陵、低山、中山、高山等各类地貌单元的分布位置及大致比例；岩溶等特殊成因地貌单元应重点调查。

2）地层岩性可按第四系地层、沉积岩、变质岩、火成岩等分类调查，沉积岩的煤系地层和可溶性地层应单列；平地区应调查地层结构的垂向变化。

3）调查自然边坡宏观结构类型、破坏模式、自然坡高和坡度。

4）调查滑坡、崩塌、泥石流等地质灾害点的分布位置、规模与范围。

5）调查沿线岩溶发育形态与发育程度。

6）调查地下水类型。

7）调查公路边坡放坡比、支护与防护措施。

8）调查现有河流、公路、铁路、燃气、通信等线状对象与路径方案的相对关系。

9）调查梯级水电站规划、各级水库正常蓄水位等基本信息。

（2）内容说明。

1）地形地貌。高程、高差与地形坡度是岩土勘察最为关心的地形地貌的三个指标，这三个指标可统一到地貌单元的概念里。地貌分类是个复杂的系统工程，实际工作中一般按表3-3划分。

表3-3　　　　　　　　　　　　地 貌 单 元 划 分

成因类型	地貌单元类型		
构造、剥蚀	山地：海拔在500m以上的高地	最高山：绝对高度大于5000m，相对高度大于1000m的山	
		高山：海拔在3500m以上的山	高山
			中高山
			低高山
		中山：海拔在1000～3500m的山	高中山
			中山
			低中山
		低山：海拔低于1000m的山	中低山
			低山
	丘陵：是指相对高度不超过200m，表面形态起伏不大，坡度较缓，地面崎岖不平，由连绵不断的低矮山丘组成的地貌		
	剥蚀残丘：是由剥蚀作用塑造形成的地貌，剥蚀作用不仅破坏地表面的岩石，而且改造了地表形态。原来的起伏山地，经长期风化作用后，可以变为波状起伏的丘陵		
	剥蚀准平原：经长期侵蚀、剥蚀作用把地面夷平为起伏和缓近似平原的地貌形态		
大陆构造一侵蚀	构造平原：主要由地质构造作用造成的平原，一般指海成平原		
	黄土	黄土塬：为顶面平坦宽阔的黄土高地，又称黄土平台	
		黄土梁：为长条状的黄土丘陵	
		黄土峁：为沟谷分割的穹状或馒头状黄土丘	
山麓斜坡堆积	洪积扇：由暂时性流水堆积成的扇形地貌		
	坡积裙：水流在遇到坡度减小、阻力加大或突然分散的情况下，它的动能不足以搬运所携全部泥沙，而将泥沙堆积下来，成片的坡积物围绕着坡麓分布，形似衣裙		
	山前平原：山前平原又叫冲洪积平原，位于山前地带，其沉积物为冲积物、洪积物。因河流出山进入平原，河流纵比降急剧减小而发生大量堆积，形成冲积扇，许多冲积扇联结而成洪积-冲积倾斜平原		
	山间凹地：被环绕的山地所包围而形成的堆积盆地，称为山间凹地		
河流侵蚀堆积	河谷	河床：河床是谷底河水经常流动的地方	
		河漫滩：分布在河床两侧，经常受洪水淹没的浅滩称为河漫滩	
		牛轭湖：牛轭湖是河流产生蛇曲的结果	
		阶地：阶地是地壳上升、河流下切形成的地貌	
	河间地块：河谷相互之间所隔开的广阔地段		

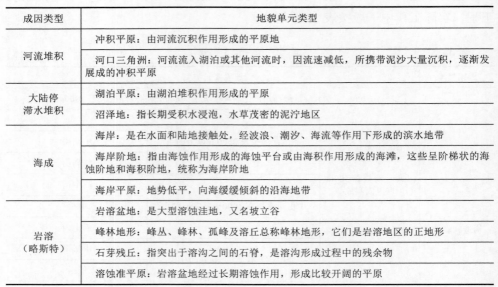

成因类型	地貌单元类型	
河流堆积	冲积平原：由河流沉积作用形成的平原地	
	河口三角洲：河流入湖泊或其他河流时，因流速减低，所携带泥沙大量沉积，逐渐发展成的冲积平原	
大陆停滞水堆积	湖泊平原：由湖泊堆积作用形成的平原	
	沼泽地：指长期受积水浸泡，水草茂密的泥泞地区	
海成	海岸：是在水面和陆地接触处，经波浪、潮汐、海流等作用下形成的滨水地带	
	海岸阶地：指由海蚀作用形成的海蚀平台或由海积作用形成的海滩，这些呈阶梯状的海蚀阶地和海积阶地，统称为海岸阶地	
	海岸平原：地势低平，向海缓缓倾斜的沿海地带	
岩溶（略斯特）	岩溶盆地：是大型溶蚀洼地，又名坡立谷	
	峰林地形：峰丛、峰林、孤峰及溶丘总称峰林地形，它们是岩溶地区的正地形	
	石芽残丘：指突出于溶沟之间的石脊，是溶沟形成过程中的残余物	
	溶蚀准平原：岩溶盆地经过长期溶蚀作用，形成比较开阔的平原	

地形坡度是一个非常重要的指标，山地区的地形坡度是确定采用何种地基基础方案的重要因素。可行性研究阶段宜了解小于或等于 30°和大于 30°的地形坡度段所占的大致比例。

2）地层岩性。查明地层结构及其特殊性是岩土工程勘察工作的起点，地层结构特殊性的分析与评价是岩土工程勘察最重要的内容之一。

岩石坚硬程度宜按单轴饱和抗压强度划分为硬质岩和软质岩，单轴饱和抗压强度大于 30MPa 为硬质岩，小于或等于 30MPa 为软质岩。岩石坚硬程度的划分详见《岩土工程勘察规范》（GB 50021）。

煤层地层涉及了压覆矿产资源和采空区处理等问题，圈定其分布范围对分析工程建设存在的问题十分必要。压覆矿产资源评估不属于岩土勘察的范畴。特殊性岩土也是需要重点调查的内容。

3）人类活动。人类活动是活跃和重要的改变工程地质条件的外营力，也是造成杆塔运行风险的直接因素之一。公路建设、矿山开采、水库建设、土地耕作、鱼虾饲养是其中最常见的人类活动。山地区应注意梯级水电站的规划情况，以免将杆塔立于水库塌岸范围之内，甚至将杆塔立于水库正常蓄水位之下。

4）相对关系调查。一般路径段工程地质调查的内容，如果按平面形状不同划分，可以分成"点""线"和"面"。"点"主要指点状地物和地质灾害点，"线"主要指河流、道路与构造线，"面"主要指地质灾害点成片分布区和地层岩性区。路径就是从众多的"点""线"和"面"中选出来的，那么研究"点""线"和"面"与路径方案的相对关系就比较重要。点状地物、线状地物和面状地物可参阅《电力工程遥感调查技术规程》（DL/T 5492）的内容。

5. 不良地质作用发育段勘察

（1）分类及概念。按对路径选择的影响，不良地质作用可分为边坡类、沟谷类和塌陷类。边坡破坏形式有滑坡、不稳定斜坡、崩塌、滑塌、倾倒、错落、落石等多种破坏形式；沟谷类主要是指泥石流，可分为沟谷型泥石流和坡地型泥石流；塌陷类主要是指岩溶和采空区。

（2）勘察方法与目标。

1）勘察逻辑顺序是：识别→现场调查→分析评价。"识别""现场调查""分析评价"应动态交叉重复进行。

2）调查颠覆性因素。查明是什么因素导致了路径不可行，比如：地质灾害点密度过大，无法找到立塔"安全岛"；采空区地表变形大，有塌落危险。

3）查明颠覆性因素发育的宏观规律。可行性研究阶段侧重于从宏观上把握路径可行性，把握的最好方法就是总结规律；在总结规律的基础之上，对制约路径做进一步工作，以确保回答下一个问题。

4）明确制约性路径段的可穿越性。这是可行性研究阶段解决的问题。

5）明确穿越方式。比较能否完全避开或寻找立塔"安全岛"。

6）如果常规勘察不能回答上述问题，则应启动专项勘察。

（3）斜坡地质灾害成片发育区。

1）识别。基于影像图，可在室内完成初步识别斜坡地质灾害成片发育区的工作，具体方法可参考《电力工程遥感调查技术规程》（DL/T 5492）。除了基于遥感技术的识别外，还可从搜集到的地质灾害点分布图或地质灾害防治规划图等图件上直接圈定可能的斜坡地质灾害点成片分布区。如果上述两类手段均不可行，可以依据路径穿越区的工程地质条件、降雨、气候等基本信息，分析斜坡可能的破坏类型、出现位置与发育程度等基本信息。

2）现场调查。现场主要调查斜坡破坏类型、分布位置或范围、规模、发育程度等基本信息。

a. 类型：区分滑坡、不稳定斜坡、崩塌等三种基本类型。

b. 分布位置或范围：指平面位置和高程，调查到的地质灾害点应以点或面的形式标记在调查用地形图之上，同时宜在地形图上圈出斜坡地质灾害成片分布区范围。平面位置还应关注滑坡与河流、公路、铁路等线状体之间的相对关系，地质灾害点与这些线状体之间的水平距离及垂直高差。

c. 规模：除了关注滑坡体或崩塌体体积之外，更应关注各类地质灾害的平面尺寸、形状及其在斜坡上位置。

3）分析评价。

a. 斜坡地质灾害发育规律：分析地质灾害发生的主要位置类型，是斜坡坡顶、斜坡中部，还是斜坡下部；地质灾点发育位置与河流的相对关系，是否主要发育在河流第一斜坡带，是分布于河流左岸多、还是右岸多；与构造之间的相对关系分析，分布于褶皱的核部，还是两翼；分析地质灾害与斜坡宏观结构类型之间的关系，顺向、切向和逆向边坡，哪类边坡容易发生哪类地质灾害。

b. 圈定斜坡地质灾害成片发育区的位置：根据上述的分析判断，在地形图上圈出斜坡地质灾害成片发育区的大致范围。

c. 路径可行性分析，可行性研究阶段调查清楚所有地质灾害点，显然是"不可能完成的任务"，所以才需要进行斜坡地质灾害发育规律的分析。基于发育规律的分析判断，结合工程经验，分析路径可行性。

（4）泥石流发育区。

1）识别与分类。泥石流发育区识别方法可参考《电力工程遥感调查技术规程》（DL/T 5492）。泥石流按其发生位置可以分成沟谷型泥石流与坡地型泥石流。

沟谷型泥石流发育位置比较低，架空输电工程一般可以跨越，但有的泥石流沟宽达 2～4km，线路无法一档跨越，须从中找出安全岛通过。

坡地型泥石流又称为山坡型泥石流，一般发育在尚未形成明显沟槽且陡峻的山坡上，有一定汇水条件的凹型坡面，坡体上有一定厚度的松散碎屑物。山坡型泥石流规模较小，没有明显的形成区和流通区，堆积物多为一次性搬运，泥沙输移量为数十立方米至数千立方米。坡地型泥石流规模小，线路工程可一档跨越。对塔位选择可能影响是，坡地型泥石流可能导致斜坡浅层滑坡。

2）现场调查。沟谷型泥石流与坡地型泥石流的现场调查内容有所区别。沟谷型泥石流调查应调查泥石流的宽度，着重找出立塔"安全岛"的位置；坡地型泥石流应主要分析其宏观发育规律、对塔位选择的影响、施工阶段是否需要"以位定线"，然后判断路径从哪些区域通过是最优选择。

3）分析评价。路径与沟谷型泥石流之间的相对关系为穿越、极难跨越时，宜启动专项勘察。

（5）采空区。

1）采空区识别。根据含矿地层分布范围和矿业权设置范围，可初步识别可能采空区的范围。

2）现场调查。小窑采空区是私挖乱采形成的；采空区也可能出现"以探代采"和"越界开采"两类"私挖乱采"。"以探代采"是指在探矿权范围内进行的开采活动。越界开采是指矿山实际开采范围在平面上或竖向上超出了采矿权证确认的开采边界。对采空区的"私挖乱采"的现状与对路径选择的影响，应以现场调查结果为准。

3）分析评价。路径穿越矿业权设置区有两个重要问题需回答：矿产压覆问题；采空区稳定性问题。矿产压覆问题应由工程建设用地压覆矿产资源评估来解决。采空区稳定性评价应针对已经形成的采空区进行。当常规勘察回答不了"路径能不能穿越采空区"时，则应启动专项勘察。

（6）岩溶区。

1）识别与分类。岩溶区识别比较容易，可以从地层岩性与地形等高线形式两方面识别。碳酸盐类岩石（灰岩、白云岩等）、硫酸盐类岩石（石膏、芒硝等）和卤素类岩石（岩盐等）等可溶性岩石存在于何处，何处就有岩溶。岩溶区的地形等高线常呈"气泡"状、"馒头"状。可行性研究阶段岩溶勘察应从宏观上了解路径穿越区的岩溶类型、岩溶发育程度、岩溶发育宏观规律。按溶蚀程度和地貌组合形态划分，岩溶区可分成峰丛、溶蚀洼地—峰林峰丛、溶蚀残丘、孤峰平原、石林石芽等五种基本类型。

2）现场调查。峰丛、溶蚀洼地—峰林峰丛、溶蚀残丘、孤峰平原、石林石芽五种基本类型的现场调查内容既有共性，更多的是差异性，不同的岩溶类型其现场调查内容也不相同。

3）分析评价。岩溶区分析评价的主要内容有以下五项：

a. 岩溶发育程度定性判断：依据《火力发电厂岩土工程勘察规范》（GB/T 501031）的定性判断标准，详见附录F，划分路径穿越区的岩溶发育程度。

b. 岩溶发育规律分析：分析岩溶发育方向与夷平面高程的相关性、路径走线高程与夷平面大致高程的关系。

c. 潜在塔位位置分析：分析溶蚀洼地、溶蚀洼地边缘、鞍部、斜坡中部、残丘顶部等最有可能成为潜在塔位。

d. 圈定"以位定线"的地段：圈出因地形太差需要"以位定线"的地段。

e. 根据岩溶发育程度建议预留不可预见岩溶地基处理费；预计可能需要考虑避让崩塌或处理危岩地段的大致长度。

6. 交叉跨越段和进出线段勘察

（1）交叉跨越段。交叉跨越段指跨越水库、输电线路、公路、铁路等人工地物。跨越河流和水库段应重点调查跨越点与水库水位之间的水平与垂直距离，分析跨越点所在斜坡的稳定性。跨越公路、铁路等线状地物，重点调查因修建公路、铁路等而形成的人工边坡的稳定性，以及杆塔建设可能对公路、铁路的运营影响，如弃土如何处理。无论跨越什么，重点调查的都是路径与被跨越物之间的相对关系，以及潜在跨越点的确定。跨越段均应现场调查，且应多专业现场共同确认潜在跨越点。

（2）进出线段。重点调查已建或拟建的变电站等对进、出线塔位选择的影响。一般应搜集已建或拟建的变电站的平面布置图，在平面布置图上选择塔位位置。

进、出线段塔位选择不当，可能发生的问题有：塔位选到了弃土弃渣等不可能立塔的区域；塔位选到了不宜立塔的深厚填方区；杆塔建设恶化填方边坡或挖方边坡的稳定性；填方边坡或挖方边坡的失稳导致塔位的失稳。进、出线段均应现场调查，且应和变电站等设计方沟通配合，共同选好潜在的进、出线塔位。

7. 特殊性岩土勘察要点

黄土、冻土、红黏土、盐渍土、人工填土、软土等特殊性岩土勘察除满足线路岩土勘察相关规范外，还应满足相应的特殊性土勘察规范、标准，特殊性土的主要岩土工程问题和可行性研究阶段的勘察要点见表3-4。

表 3-4 特殊性土勘察要点一览表

类型	岩土工程问题	勘察要点或需查明的内容	勘探手段
黄土	黄土湿陷性	黄土地层时代、成因；湿陷性黄土层的厚度；场地湿陷类型和地基湿陷等级；主要物理力学参数	以工程地质调查和搜集工程资料为主，必要时布置适量的探井取黄土土样

类型	岩土工程问题	勘察要点或需查明的内容	勘探手段
盐渍土	土腐蚀性	盐渍土类型与分布范围；盐溶与盐胀现象；地下水的类型、埋藏条件、水质、水位及其季节变化	以工程地质调查和搜集工程资料为主，无法搜集土腐蚀性资料时应取土样和水样做水土腐蚀性试验
冻土	冻结深度、冻土的冻胀性	岩土类型；多年冻土类型；冻土地貌类型及其分布；冻胀、融沉等冻害分布位置；冻土沼泽分布位置与规模；冻土上限、土含水量	以工程地质调查和搜集资料为主；对缺乏冻土研究资料的超高压和特高压工程，当冻土场地复杂程度为中等及以上时，应启动多年冻土专题研究
红黏土	红黏土胀缩性	红黏土分布位置与厚度；红黏土"上硬下软"的"硬层"大致厚度；大气影响深度与急剧影响深度；红黏土内有无土洞分布	以工程地质调查和搜集资料为主，必要时可布置适量小麻花钻等勘探工作
人工填土	填土湿陷性、水土腐蚀性	分布范围、类型、成因、堆填年限	工程地质调查和搜集工程资料
软土	软土欠固结性，地基强度和变形不满足要求	分布范围、厚度、有机质含量、物理力学性质的竖向变化；地下水类型、埋藏条件、水位及其季节变化	工程地质调查和搜集工程资料，必要时可布置适量的工程钻探或静力触探试验工作
膨胀土	胀缩性	膨胀土时代、成因、分布范围及节理裂隙发育特征	工程地质调查和搜集工程资料，必要时可布置适量的工程钻探进行膨胀率试验

二、路径选择宜避开的地段

（1）大范围的采空区、塌陷区、矿产资源分布区。

（2）水土腐蚀性强烈地段。

（3）深切冲沟的边缘及其向源侵蚀的源头地段。

（4）水土流失严重的坡地或高陡狭小山脊密集分布区。

（5）岩溶强烈发育、滑坡、崩塌、泥石流成片分布及其他不良地质作用发育强烈地段。

三、岩土工程勘察报告的内容及深度

岩土工程勘察报告应论述清楚各路径穿越区的工程地质条件，分析主要岩土工程问题，比较路径方案优劣，从岩土专业角度推荐最优路径方案，提出下阶段工作建议、专项勘察或专题研究的建议。

线路工程可行性研究阶段岩土工程勘察报告应根据任务要求、工程特点和地质条件等具体情况编写，并应包括下列内容：

（1）前言，包含工程概况、目的与任务依据和要求、执行的技术标准、各线路路径或重要跨越方案等情况。

（2）工作过程、勘察方法及完成的工作量。

（3）区域地质、地质构造、地震活动性等。

（4）分段阐述各路径沿线的地形地貌特征、地基岩土构成、地下水条件、不良地质作用、环境地质问题及矿产资源分布等。

（5）各路径方案岩土工程条件的分析与评价，论证各方案的可行性，提出初步的比选和推荐意见。

（6）提出下阶段的工作建议。

第二节　架空线路工程初步设计阶段勘察

初步设计阶段应为选定线路路径方案、确定重要跨越段及地基基础初步方案提供所需的岩土工程勘察资料，符合初步设计阶段的要求。本阶段主要任务在于对选定路径方案的分段评价。

一、勘察基本要求及方案布置

1. 主要工作

可行性研究阶段与初步设计阶段，岩土工程勘察的对象都是路径，但略有区别，可行性研究阶段侧重于路径，初步设计阶段侧重于潜在塔位。两阶段的勘察任务、要求与实现途径没有本质的区别，在勘察深度上有所区别。架空输电线路工程在初步设计阶段的主要工作有以下八点：

（1）制约性路径段潜在塔位选择。明确不良地质作用发育段、交叉跨越点、进线段和出线段等制约性路径段的潜在塔位位置，必要时可考虑做到施工图深度。对于塔位已确定的特殊地段，可按施工图设计阶段勘察深度进行。

（2）工程地质条件分段评价。分段总结地形地貌、地层结构、地质构造、地下水、特殊性岩土、不良地质作用等工程地质条件特点，分析塔位选择难易程度，建议地基基础方案和工程措施。

（3）地基条件初步查明。山地区应宏观地了解潜在塔位位置的第四系土层厚度、岩体风化带厚度、岩石坚硬程度与完整程度；平地区应掌握地基条件和地下水条件，对工程地质条件复杂或缺少资料的地段宜布置适量的工程钻探或静力触探等勘探工作。

（4）地下水类型调查与水、土腐蚀性初步评价。地下水类型可按埋藏条件和赋存介质两类标准分类；水、土腐蚀性评价宜分工程地质条件段进行。

（5）制约性路径段宜综合现场工程地质调查成果和区域地质图资料等绘制编译工程地质图。

（6）专项勘察或专题研究在本阶段应完成。

（7）提供线路沿线地震动参数，对地震液化进行初步分析。

（8）提供线路沿线土壤标准冻结深度，对地基土的冻胀性进行初步评价。

2. 工程地质条件要素调查

初步设计阶段应在可行性研究阶段勘察成果的基础上做进一步的工程地质条件细化调查。

（1）地形地貌。调查潜在塔位处的主要地貌单元类型。地形坡度可在可行性研究阶段工程地质调查的成果基础上，进一步统计小于 30°和大于 30°等地形坡度段所占比例。

（2）地层岩性。山地区应分地层岩性段调查：第四系土层厚度、风化带岩体厚度、岩体完整程度和岩石坚硬度。地层岩性的地层成因分段可按表 3-5 的地层岩性分类标准进行。平地区应进一步了解地层结构组成及其垂向变化。

表 3-5　　　　　　　　地 层 岩 性 分 类 标 准

勘察对象			概念或主要岩土工程问题简述
地层岩性	岩浆岩区	侵入岩	岩体风化样式和风化厚度；重要矿产分布
		喷出岩	岩浆冷凝成岩与火山灰成岩两类岩性的空间分布及状态、是否存在古风化壳、调查似层面产状
	变质岩区	正变质	与岩浆岩问题类似
		副变质	与沉积岩问题类似
	沉积岩区	可溶性岩石区	岩溶问题
		煤系地层	煤层空间分布及其与塔位的关系、采空区稳定性
		一般沉积岩区	除可溶性岩石和煤系地层外的其他沉积岩区
	第四系土层区	特殊性土　黄土	黄土湿陷性
		特殊性土　季节性冻土	冻结深度、冻胀性
		特殊性土　红黏土	红黏土胀缩性
		一般土　粉土、黏性土、砂类土、碎石土等	了解地层结构组成及其垂向的变化（含水量、密实度等）

（3）不良地质作用与地质灾害。以潜在塔位为焦点，调查潜在塔位与不良地质作用、地质灾害之间的相对关系，明确路径穿越不良地质作用与地质灾害区的具体方式。

（4）地下水。按工程地质条件不同分段调查地下水类型与腐蚀性、补给径流与排泄条件、地下水位埋深与变化幅度，尤其应注意地下水各项调查内容的准确性。

（5）人类活动。以潜在塔位为焦点，调查人类活动与潜在塔位的相对关系，分析人类活动对潜在塔位的影响。地震、降雨和人类活动是最常见的改变工程地质条件的因素，人类活动又是其中最剧烈、最没有规律的改变因素。

3. 勘察方法

对于重要的河流跨越、"三跨"段、高跨段、不良地质地段、地质条件较为复杂地带以及地貌单元分界线，岩性分界线均宜适当布置勘探工作量，其勘探手段包括有：山地槽探、平地试坑、小口径钻探、物探、试验等。最终所得成果资料应能够阐明线路经过地段的工程地质条件。若有专项勘察或专题研究，则在本阶段应完成相应的内容。

对于勘探点的布设，控制性勘探点的数量不应少于勘探点总数的1/3。

评价土的湿陷性、膨胀性、砂土地震液化、钻孔深度，应按有关规范的要求确定。

对于勘探点的取样间距及原位测试间距可参照变电工程的要求进行。

4. 一般路径段勘察

一般路径段应在可行性研究阶段勘察成果的基础之上做细化勘察。细化勘察的具体要求参见本节前述的"主要工作"和"工程地质条件要素调查"两节。

5. 制约性路径段勘察

制约性路径段勘察工作主要包括提前做到施工图深度、编译工程地质图、塔位与相邻建（构）筑物相对关系。

（1）提前做到施工图深度。可行性研究阶段已经确保了制约性路径段的可行性，初步设计阶段应具体落实塔位的位置。落实塔位的最可靠方法，是提前将制约性路径段做到施工图深度。采空区、地形狭窄区和极强烈岩溶发育区是三类常见的需提前做到施工图深度的区域。

（2）编译工程地质图。地层岩性、构造线等区域地质信息由区域地质图转绘，拟选塔位及其附近区域准确工程地质条件通过工程地质调查或测绘来确定。

需要完成编译工程地质图的地段，通常需要提前做到施工图深度，需要多专业协同工作：地质点定位、塔位稳定性分析、杆塔位置分别需测量专业、线路结构专业、线路电气专业确定完成；穿越矿业权设置区线路段需压覆评估单位完成编译工程地质图。

（3）塔位与相邻建（构）筑物相对关系。相邻建（构）筑物按是否已经建成，可分为已建和拟建两大类。已建相邻建（构）筑物与拟选塔位的相对关系应实地确定。拟建相邻建（构）筑物需要收集其勘察设计阶段、平面布置图、勘察成果等资料，综合收集资料与现场调查成果确定拟选塔位位置。拟建相邻建（构）筑物的平面布置有不确定性，选择塔位时应有预见性，对可能出现的问题应有应对措施。

6. 特殊性岩土工程勘察

可行性研究阶段工程地质条件的获取以工程地质调查为主，初步设计阶段需进一步细化工程地质调查，代表性地段应开展适当的勘探工作，必要时启动专题研究工作，代表性阶段的勘察工作如：黄土应选择代表性地段挖探井取土样，以完成黄土湿陷性等各类试验；盐渍土区应选择代表性地段取土样，以完成土腐蚀性试验；软土区宜通过工程钻探或静力触探等查明代表性地段的软土厚度及物理力学参数；填土应查明堆积时代地形和地物的变迁，填土的来源、堆积年限和堆积方式等。

7. 滑坡勘察

处在斜坡上的岩层（包括土和石），由于自身的重力作用和地下水活动而失去稳定性，产生向斜坡下方运动的现象，统称为滑动。根据岩体滑动的特点及状态特征，又可区分为崩塌、岩堆和滑坡。

（1）野外识别滑坡。通常在野外识别滑坡主要根据如下方法：

1）根据滑坡所特有的地貌形态，如在地形上存在着圈谷、变位阶地、滑坡裂隙等。

2）根据滑坡体上地物特征加以判断，如树木歪斜或醉汉林分布、建筑物变形、泉水露头及喜水植物的出现。一般在滑坡的斜坡上均长满植被，斜坡多是平缓的，没有地下水露头出现。

3）根据地层岩性及水文地质条件加以鉴别，如倾斜岩层中有含水层存在并与山坡方向一致时，则易产生滑坡。软弱夹层及破碎带也往往造成滑坡体。

（2）工程建议。在选线时应尽量避开以上发育地段。对局部发育地段，可以直接跨越。

1）从工程地质角度来看，崩塌和岩堆的最大危害是给线路安全与杆塔稳定带来严重威胁，甚至可能发生毁灭性的破坏，故在山区勘察中应作为重点，详细查明崩塌及岩堆产生的可能条件、存在地点、作用范围、发育程度，并进一步研究其组成岩堆及崩塌的物质成分和构造裂隙特征，最终判定其稳定性（如根据其岩堆空隙处填充的黏性土，并长有茂盛植被，说明该岩堆处于相对稳定状态）。必要时，可于山坡地段适当布置槽探详细查明。

2）由于滑坡的危害性较大，活动较缓慢，且不易被察觉，故在线路勘察中，须对滑坡地段进行较详细的工程地质勘察工作，查明滑坡分布的大致范围、性质、形成和发育条件及发展趋势，最终判定其稳定性。

勘察手段主要以地质测绘、野外调查为主，适当配合钻探、物探、试验等。

8. 专项勘察与专题研究

专项勘察与专题研究的一般工作流程是：启动→提出技术条件书→确定承担单位→开展工作→中间检查与中间资料提供→提出成果报告→专家评审→报告修改→验收→勘察设计文件中执行成果报告的结论。

（1）启动。专项勘察或专题研究宜在可行性研究阶段启动。如果勘察设计合同不包括专项勘察或专题研究，则应由业主启动，反之则由勘察设计单位启动。

（2）提出技术条件书。由启动方提出技术条件书。技术条件书应包括工程概况、设计条件、研究对象、研究范围、研究目的、执行规范、成果提供、工期等基本内容。

（3）确定承担单位。根据技术条件书的要求，由启动方（委托方）选择合适的承担单位（被委托方）。专项勘察宜由勘察设计院承担，专题研究宜由科研院所承担。技术条件书应作为合同附件。

（4）开展工作。承担单位根据合同开展工作。

（5）中间检查与中间资料提供。委托方依据合同约定进行中间检查，并要求被委托方提供中间资料。

（6）提出成果报告。被委托单位提供可供专家审查的成果报告。

（7）专家评审。委托方或被委托方组织专家评审成果报告。

（8）报告修改。被委托方根据专家意见修改报告。

（9）验收。委托方验收修改后的成果报告。

（10）勘察设计文件中执行成果报告的结论与建议。委托方将成果报告提供给勘察设计单位，由后者执行成果报告的结论与建议。

二、勘探、取样、原位测试及室内试验

1. 勘探

（1）勘探是一种重要的岩土工程勘察手段。通过合适的探测方法对选线区域的地层进行勘察，初步查明拟选线区地层的分布规律。

（2）常用的勘探手段有钻探、静力触探试验、坑探、槽探等。勘探方法的选取应符合勘察目的和岩土的特性。

2. 取样及原位测试

（1）对于进行外业勘察的线路工程，应进行取样和原位测试。

1）取土试样和进行原位测试的勘探点宜在平面上均匀分布，并结合沿线地貌单元、地层结构和土的工程性质布置，其数量应根据地层复杂程度确定，可为勘探点总数的 1/3～1/2。

2）取土试样或原位测试的数量和竖向间距应按地层特点和土的均匀程度确定，每层土均应采取土试样或进行原位测试。且每一主要土层的试样或原位测试数量不得少于 6 件（个），用于进行试验结果统计分析。对影响地基稳定和变形的软弱夹层应取土试样或进行原位测试。

3）当获取原状土较为困难时，可多进行一些原位测试手段，如标准贯入试验、动力触探试验等，对其结果进行统计分析，并综合分析评价地基土的工程性质。

（2）在岩石中进行钻探时，应测定 RQD 指标，并判定岩石的风化程度。

（3）原位测试项目主要有静力触探试验、标准贯入试验、动力触探试验、十字板剪切试验、扁铲侧胀试验、旁压试验、波速试验。

3. 室内试验

各类工程需测定的试验项目根据项目任务书要求及沿线工程地质情况综合考虑，所测得的试验项目均需满足设计要求。

三、岩土工程勘察报告的内容及深度

初步设计阶段的岩土工程勘察报告应论述清楚路径沿线工程地质条件，分工程地质条件段评价岩土工程问题，明确各段潜在塔位的微地貌单元，详细论证各段可能采用的地基基础方案，对于制约性路径段可提供施工图深度的勘察成果，应引用或落实专项勘察或专题研究的结论与建议。

工程地质条件的报告内容宜采用地形地貌和地层岩性双因素分段论述，制约性路径段宜单独成节论述。

1. 勘察报告综述

（1）勘察报告在叙述工程概况时，应明确下列内容：工程名称、设计条件与勘察任务、行政区及路径示意图、拟采用的基础类型、基础型式和埋置深度。

（2）勘察报告在叙述勘察目的、任务要求和依据的技术标准时，应以勘察任务委托书为依据，并写明依据的技术标准。

（3）勘察报告在叙述勘察方法及勘察工作完成情况时，应包括下列内容：

1）执行规范与参考文献。

2）勘察重点。

3）勘察技术方案与工作量布置。

4）人员组成、时间节点。

5）附图坐标系统。

6）原位测试的种类、数量、方法。

7）采用的取土器和取土方法、取样（土样、岩样和水样）数量和质量。

8）协作单位的说明。

9）其他问题说明。

2. 场地环境及工程地质条件

（1）场地环境及工程地质条件主要包括以下内容：

1）叙述区域地质构造情况。

2）场地及周边的地形、地貌。

3）不良地质作用及地质灾害的种类、分布、发育阶段。

4）场地各层岩土的类型、成因、分布，岩层的产状、岩体结构和风化情况。

5）地下水和地表水情况。

（2）土的分类与描述及岩土分层应在检查、整理钻孔（探井）记录的基础上，结合室内试验的开土记录和室内试验结果综合确定。

（3）场地地下水的描述一般应包括下列内容：

1）地下水的类型、地下水位（初见、稳定）及变化幅度。

2）提供历史最高水位、近3～5年最高地下水位调查成果，并说明地下水的补给、径流和排泄条件，地表水与地下水的补排关系，是否存在对地下水和地表水的污染源和污染程度。

3）对工程有影响的地表水情况。

3. 特殊土的论述

特殊土主要包括湿陷性土、红黏土、软土、填土、多年冻土、膨胀岩土、盐渍土等。在初步设计阶段应查明特殊土的类型，分布位置等；各类特殊土在此阶段的勘察要求详见表3-4。

4. 场地的地震效应

（1）勘察报告在说明和评价场地和地基的地震效应作用时包括下列内容：抗震设防要求（地震烈度、设计地震分组、设计基本地震加速度），依据《中国地震动参数区划图》（GB 18306）提供地震动峰值加速度及特征周期。

（2）在抗震设防烈度等于或大于6度的地区进行勘察时，应确定场地类别。应根据实际需要划分的对建筑抗震有利、一般、不利或危险的地段，提供建筑的场地类别和岩土地震稳定性（含滑坡、崩塌、液化和软土震陷特性）评价。

（3）对位于地震烈度7度及以上地区的高杆塔基础及特殊重要的杆塔基础、8度及以上地区的220kV耐张型杆塔的基础，当场地为饱和砂土或饱和粉土时，均应考虑地基液化的可能性。液化判别标准符合《建筑抗震设计规范》（GB 50011）。

5. 腐蚀性评价

（1）应评价地下水对混凝土结构及钢筋混凝土结构中的钢筋的腐蚀性。

（2）评价地基土对混凝土结构及钢筋混凝土结构中的钢筋的腐蚀性，评价地基土对钢结构的腐蚀性。

6. 岩土参数的统计、分析和选用

（1）岩土工程分析评价应在定性分析的基础上进行定量分析。对岩土体的变形、强度和稳定性应做定量分析；对场地的适宜性、场地地质条件的稳定性，可仅作定性分析。

（2）岩土参数应按场地划分的工程地质单元和层位分别统计。对于分层样本数量不少于6件的，勘察报告应按岩土层计算提供各项试验、原位测试指标的最大值、最小值、平均值、标准差、变异系数、标准值和统计数量；少于6件的，则应提供最大值、最小值、平均值。

（3）地基土工程特性指标的代表值，分别为标准值、特征值及平均值。抗剪强度指标、岩石单轴抗压强度指标和确定地基承载力时所使用的物理特征指标及触探试验指标应取标准值，载荷试验承载力取特征值，物理指标、压缩性指标和判别土的状态时所使用的触探试验指标应取平均值。

7. 地基承载力及变形参数

（1）岩土工程勘察报告应提供岩土的变形参数和地基承载力的建议值。地基承载力特征值可由载荷试验或其他原位测试、公式计算，并结合工程实践经验等方法综合确定。

（2）地基承载力特征值的确定应符合下列规定：

1）软土地基承载力的确定应按《软土地区岩土工程勘察规程》（JGJ 83）执行。

2）特殊土的地基承载力评价应根据特殊土的相关规范和地区经验进行。岩石地基应根据《岩土工程勘察规范》（GB 50021）划分和评定岩石坚硬程度、岩体完整程度、风化程度和岩体基本质量等级，其承载力特征值应按《建筑地基基础设计规范》（GB 50007）有关规定确定。

8. 地基基础方案

根据现场地质条件，对可能采用的地基基础方案提出建议。包括浅基础、深基础、人工地基、天然地基等多种方案；对于桩基础，其设计参数可参考《建筑桩基技术规范》（JGJ 94）。

9. 人类活动

在此勘察阶段，要了解工程地质条件在工程建设施工与运营阶段的可能变化以及变化对塔位的影响。

10. 矿产资源

工程是否压覆矿产资源应以压覆矿产资源评估报告为准。

11. 结论与建议

（1）架空输电线路工程初步设计阶段岩土工程勘察报告应资料完整、真实准确、数据无误、图表清晰、结论有据、建议合理，并应因地制宜，重点突出，有明确的工程针对性。

（2）线路工程初步设计阶段岩土工程勘察报告的结论与建议一般应包括下列内容：

1）对拟建塔位工程地质条件、不良地质作用和地基岩土条件的评价；沿线的矿区分布、矿产种类、开采方式及可能对线路工程产生的影响。

2）岩土物理力学参数的范围值。

3）场地稳定性及适宜性评价。

4）场地地震效应。

5）水、土对建筑材料腐蚀性。

6）工程制约路径段相邻建筑物与潜在塔位的相对关系示意图。

7）引用或落实专项勘察或专题研究成果。

8）提请下一阶段勘察工作中应注意事项。

第三节 架空线路工程施工图设计阶段勘察

架空线路工程在施图设计阶段中，施工图应为定线和杆塔定位，并针对具体杆塔的基础设计及其环境整治提供岩土工程勘察资料，为设计、施工提出岩土工程建议。施工图设计阶段主要任务在于选定适宜建设的塔位。

一、基本任务与勘探工作布置原则

1. 任务与要求

架空输电线路工程施工图设计阶段的岩土工程勘察主要有以下十项勘察任务。

（1）塔位选择与稳定性评价。塔位选择应遵守三项基本原则：杆塔建设应尽量少扰动自然环境；不宜采取工程措施确保塔位稳定性；在塔位稳定的前提下，选择地基条件好的地段。塔位稳定性评价应包括塔位建设前、建设中和运行期间的稳定性评价。

（2）查明地基条件。地基条件查明应包括查明地层结构和地基岩土的物理力学性质等两方面内容，其勘察精度满足地基强度和变形评价即可。

（3）查明地下水与水、土腐蚀性评价。查明地下水类型、埋藏条件、水位埋深及其变幅等基本信息，评价水、土腐蚀性。地下水位以上的土层应选择代表性地段取土样做腐蚀性试验，以完成土腐蚀性评价。

（4）抗震液化判定。对于位于地震烈度 7 度及以上地区的高杆塔基础及特殊重要的杆塔基础、8 度及以上地区的 220kV 及以上耐张型杆塔的基础，当场地为饱和砂土或饱和粉土时，均应考虑地基液化的可能性。液化判别标准符合《建筑抗震设计规范》（GB 50011）。

（5）提供岩土参数。

1）取值原则，岩土参数的取值原则有以下四项：

a. 经验性原则：岩（土）体物理力学参数应从土工试验、原位测试和工程经验三方面综合考虑。

b. 模型一致性原则：岩土参数取值应与计算模型、计算方法等相适应，比如，不同计算模型需要不同的强度参数，不同强度参数相差很大，甚至是成倍的差异。

c. 差异性原则：塔位的工程地质条件差别很大，不太可能提供统一的岩土参数，应逐基提供岩土参数；对于地质条件相同的可合并提供地质参数。

d. 匹配性原则：岩土参数不是完全独立的，参数应相互匹配。

2）取值注意事项。土体参数取值应考虑地层时代和成因。砂土和碎石土的黏聚力与充填物有关，如果没有充填细粒土，黏聚力可取为零，内摩擦角可取休止角。碎石土参数与骨架成分的风化程度有关：骨架成分为强风化时可取下限，反之取上限；如果为全风化，可按黏性土、粉土或砂土等适当提高取值。

岩体参数与岩石坚硬程度和岩体完整性有关，可参考《工程岩体分级标准》（GB 50218）提供的岩体岩土参数。

（6）地基基础方案建议。地基基础方案应依据设计条件、地质条件、地下水条件和可行施工方案等因素提出。杆塔塔位处问题与地基基础方案密切相关，对工程地质环境扰动越大的地基基础方案塔位就越容易出问题。

（7）工程措施建议。完成塔位处岩土工程分析评价后，依据设计条件、当地工程经验、施工水平等提出有针对性和可操作性的工程措施建议。山区、丘陵区塔位应慎用排水沟、截水沟、弃土堡坎等辅助性工程措施。

（8）施工及运行阶段注意事项。岩土工程勘察成果中应对每基塔位在施工和运行期间可能出现的岩土工程问题做出预测性评价。主要预测施工期间基坑开挖、基坑抽（排）水和弃土处理不当等可能导致的问题；运行期间环境改变可能对杆塔造成的问题，环境改变主要有邻近公路建设、水库建设与蓄水、植被破坏与水土流失、土地利用性质改变、邻近区域抽汲地下水等。

（9）其他岩土工程问题评价。针对位于特殊地质条件和特殊岩土区的杆塔存在的特殊岩土工程问题做出评价。

（10）应逐基提供塔基处岩土的土壤电阻率，解释深度不应小于地面下 5m。

2. 实现途径

施工图岩土工程勘察可分成图上选线、现场选线，定位、勘探资料整理和勘察成果提供五个小阶段，位于不同区域的线路工程可适当简化或合并流程。

（1）图上选线。配合电气专业完成在影像图、地形图等图件上的选线工作，岩土专业应基于初步设计阶段勘察成果和影像图，提出哪些区域不适宜立塔，并要求避开此类区域。

（2）现场选线。与电气、结构、物探等多专业一道在现场选出转角塔位置。选择转角塔时应考虑潜在直线塔位置，否则会导致多次重复选线。山区、丘陵区，现场选线不应省略，平地区可根据具体情况适当简化。

（3）定位。确定塔位位置。现场选线确定的转角塔，也应根据直线塔的选择情况做相应的调整。直线塔与转角塔均应进行动态调整，也可以相互转变，直线塔变为转角塔或转角塔变为直线塔。

（4）勘探。山区、丘陵区和存在塔位稳定性问题的平原区，定位完成后应立即展开勘探工作，查明工程地质条件和评价岩土工程问题；如果塔位不适宜建设，应及时调整塔位。不存在塔位稳定性问题的平原区可在定位后适时开展勘探工作。

本阶段要对逐基塔位进行鉴定和评价，在地质构造复杂、岩溶十分发育地带以及较大跨越处，可适当增加勘探工作量。

（5）资料整理与勘察成果提供。按规范规定和勘察设计单位的质量管理要求进行勘察资料整理，形成岩土工程勘察报告，向线路结构等相关专业提供岩土工程勘察报告。

3. 勘探工作布置原则

（1）场地地质复杂情况和电压等级是决定勘探手段和勘探工作量的两大因素，基于此两因素，勘探工作宜遵循以下布置原则。

1）区别性原则。受地质环境、交通、钻探用水、工期等多种条件限制，山地区和平地区应采用不同的勘探手段：山地区可采用工程地质调查、工程物探、探井、小麻花钻、洛阳铲、轻便钻机钻探、工程钻机钻探等勘探手段；平地区可采用静力触探、工程钻机钻探和动力触探等勘探手段。

2）适应性原则。勘探工作量与地质环境复杂程度相适应，地质环境越复杂，勘探工作量越多。

3）代表性原则。代表性工程地质条件段应布置相应勘探工作，比如黄土区不同地貌单元应布置一定数量的探井。

（2）平原区宜根据前期工作成果，确定工作地区的工程地质条件复杂程度及岩土分布特征，结合拟采用的基础型式进行勘探工作。

1）在本阶段勘察时，在耐张、转角、跨越及终端塔勘察，应对每塔布置一个控制性勘探点，勘探点宜布置在塔位的中心部位；对于直线塔，对于简单地段可间隔 3～5 基布置一个勘探点，对于中等复杂地段可间隔 1～3 基布置一个勘探点，对于复杂地段宜逐基勘探。

2）相邻勘探点的岩土工程条件变化较大时，宜选择其间合适塔位增加勘探点，基本上应控制住岩土工程条件变化的地段。

3）勘探孔的深度应根据工程地质条件、杆塔基础类型、基础埋深及载荷大小确定。一般勘探孔深度应达到 $H+0.5b\sim H+1.0b$（H 为基础埋置深度，m；b 为基础宽度，m），对于桩基础，勘探孔深度应达到桩端平面以下 1～3 倍桩径；对于硬质土可适当减少；对耐张、转角、跨越、终端塔和软土应适当加深。

4）对工程地质较为复杂，不易确定所采用基础类型的塔位，勘探孔深度应按较为保守的类型确定。

5）按规定观测、量测地下水水位，调查地下水的变化幅度。并宜按地貌及环境条件，采取土、水腐蚀性样品，进行腐蚀性分析评价。

6）同塔多回（3 回及以上）勘察时，宜适当增加勘探点数量与勘探深度。

（3）山区、丘陵区确定工作地区的工程地质条件复杂程度及岩土分布特征，便于选择合适的勘察方法和确定勘察工作量。

1）拟采用的基础型式，影响到勘探深度。勘察工作量与勘探深度是计划性的，在工作过程中会有不同程度的调整。

2）耐张、转角、跨越及终端塔要求逐塔勘探，对直线塔，在地质条件比较均匀的情况下，可间隔几基塔布设一个勘察点，所布勘察点的地质条件应能够代表邻近的塔位。

3）相邻勘探点的岩土条件变化比较大时，尤其涉及采用桩基础与天然基础的情况，应增加勘探点。对基础型式可能出现较大变化的塔位，宜进行勘测。

4）在采用天然地基（一般的岩土条件）的情况下，直线塔勘探深度为5～7m，耐张、转角、跨越及终端塔勘探深度一般为 6～8m 可满足设计需要。在地基压缩层内存在软土的条件下，应适当增加勘探深度。采用桩基础的情况下，应根据桩基础的判断条件确定勘探深度。一般应达到预定桩端下1～3 倍桩径。

5）对地基为软塑（可塑）地层时，其下不同深度存在不同厚度流塑层的情况下，现场不易判定可采用的基础型式，宜按桩基础的要求确定勘探深度。

二、平原河谷区勘察

平原区若存在采空区，则应遵照采空区的勘察手段进行勘察及评价，平原区沿线的地下水概况应重点勘察，主要包括其埋深、变幅及腐蚀性等。

1. 塔位选择与稳定性评价

平原河谷区的塔位稳定性问题一般不突出，塔位选择主要考虑地基条件。河流变迁、河岸破坏、古（故）湖泊分布、人工地貌的形成与变化、人类活动等是塔位选择时应考虑的主要因素，分述如下：

（1）河道变迁。曲流与截弯取直是平原区河流常见的自然现象，统称为河道变迁，河道变迁可以形成故河道。曾经的和未来的河道变迁分别是塔位稳定性现状和预测性评价考虑的主要因素。

（2）河岸破坏。在流水持续不断的侧蚀与底蚀作用下，河岸将不断破坏后退直至相对稳定为止。河岸稳定性取决于水流条件，如果水流条件长期不发生化，河岸将很快稳定。水库蓄水可改变水流条件，导致河（库）岸再造。塔位应选择在河岸潜在破坏范围之外，破坏范围可采用库岸稳定性分析方法确定。

（3）故湖泊分布。河道变迁和地壳升降运动等可能造成湖泊的生成与消灭，平原区一般分布有大量的故湖泊。湖泊是一种典型的静水环境，可能沉积深厚的软土层。

（4）人类活动。平原区一般都是经济发达区，人类活动强烈，强烈到能局部改变工程地质条件的程度。人类活动有两种主要类型：改变地下水条件；形成鱼塘、暗浜等人工地貌。改变地下水条件又可以分成两类：改变地下水水质，导致水（土）腐蚀性的变化；抽汲地下水引起附加应力的增加，导致地基沉降。塔位选择时应考虑地下水条件改变的影响；线路通过工矿企业时，应避开地下水腐蚀性严重的地段；鱼塘、暗滨等人工地貌可采取避开或者提出相应的工程处理措施。

平原河谷区，塔位选择时应综合考虑上述因素，宜立塔的地段有：

1）河岸平直稳定、河谷狭窄、跨越距离较短。

2）地势较高，不受地下水和地表水影响。

3）塔位地基岩土性质较好。

4）当需要在河（湖）中立塔时，宜选在河（湖）心岛或高漫滩，或流速缓、冲刷深度小的部位。

2. 查明地基条件

平原区地形平坦，交通条件良好，勘探用水方便，一般情况可采用工程钻探、静力触探等勘探与原位测试等手段查明地层条件。选择代表性塔位取土样完成土工试验以查明地层的物理力学性质。

河谷区的地层结构比较复杂，冲（洪）积和崩积的地层单独或混合存在。河谷区有天然地层剖面露头，地层结构可依据天然地层剖面露头进行推断，必要时采用工程钻探或工程物探查明。河谷区地层多为卵石、碎石等粗粒土，物理力学性质宜采用工程类比法确定。

3. 地下水与水、土腐蚀性评价

地下水应重点查明地下水类型、埋深、水位变幅等信息。平原区，地下水勘察精度应与地基基础方案相适应。如果采用机械成孔灌注桩等对地下水影响不敏感的地基基础方案，地下水的勘察精度可适当降低，查明地下水类型和埋深，调查水位变幅。如果采用涉及基坑开挖、基坑边坡稳定性分析和基坑抽排水等问题的地基基础方案，地下水的勘察精度应满足相应的岩土工程分析评价要求。

水土腐蚀性评价应基于代表性工程地质条件地段的水土腐蚀性试验结果做出。进行了电阻率测试的塔位也可参考土壤电阻率测试结果进行评价。

水土腐蚀性评价时应注意人类活动对地下水水质的改变作用。比如，垃圾堆积场和废水排放区的水土腐蚀性一般比较严重，甚至可能是污染土。

4. 地基基础方案建议

平原河谷的地基基础方案建议一般应遵循以下的原则：

（1）预先估计或动态调整。不同地基基础方案的勘探深度是不同的，比如桩基础和浅基础的勘探深度完全不同，应根据初步设计阶段勘察成果预先估计可能的地基基础方案。根据勘探成果及时调整地基基础方案建议，并同步调整勘探深度。

（2）多方案比较。应比较浅基础与深基础、人工地基与天然地基等多种方案，应与结构专业协同配合，共同做好地基基础方案的建议工作。

（3）充分考虑地下水因素。地下水条件的改变对杆塔建设本身和相邻建（构）筑物均有重大影响，采用的地基基础方案尽量不造成地下水条件临时或长期的改变。杆塔建设时的抽（排）地下水可能会造成相邻建（构）筑物的地基沉降、生产生活用水受到影响等后果，因此地基基础方案建议时应考虑地下水现状及其变化。

5. 工程措施建议

平原河谷区的工程措施主要是指基坑工程相关问题和成桩过程可能出现的问题。采用浅基础或桩基础时均有深浅不一的基坑。有基坑则涉及基坑开挖、基坑边坡稳定性分析与评价、对相邻建（构）筑物的影响评价等问题。

6. 施工及运行阶段注意事项

平原河谷区地下水一般较为丰富，施工主要应注意地下水对施工的影响，如对基坑边坡稳定性、地基土扰动、抽（排）地下水对相邻建（构）筑物的影响。运行阶段主要注意强烈人类活动可能对杆塔运行的影响。河谷区还应注意沿河公路扩建可能诱发公路边坡失稳对塔位稳定性的影响。

三、山区、丘陵区勘察

1. 塔位选择与稳定性评价

（1）塔位选择。塔位稳定性是山区、丘陵区最主要的岩土工程问题，岩土工程勘察工作应以塔位稳定性判断为核心，勘察手段应以工程地质调查和工程物探为主，必要时进行工程地质测绘或适当的勘探工作。

山区、丘陵区，塔位稳定性本质上都是杆塔所在斜坡稳定性问题。斜坡稳定性涉及斜坡整体稳定性与局部稳定性等两个层次：

1）斜坡整体稳定性：杆塔所在斜坡整体是否有稳定性问题。

2）局部稳定性：斜坡表层或局部失稳，根据斜坡稳定性问题类型不同，山区、丘陵区塔位选择应遵循以下原则：

a. 选择没有稳定性问题的斜坡；

b. 应避开可能受来自环境区域地质灾害影响的地段：环境区域地质灾害主要有采空区、崩塌、滑坡和泥石流等，塔位不应选择在地质灾害破坏影响范围之内；

c. 避开斜坡稳定性随时间发生变化的地段：引起斜坡稳定性变化的第一因素就是斜坡临空面的变化，杆塔所在斜坡下有河流、冲沟、水库、公路和铁路等自然或人工地物时，斜坡临空面易于发生变化。

冲沟是山地区最常见且不可能完全避开的地段，对冲沟要么跨越，要么将塔位选择在冲沟边坡破坏范围之外。冲沟活动性对塔位选择极为重要，活动性强烈程度可通过冲沟纵坡度大小、冲沟边坡坡度大小、冲沟边坡破坏状态和植被发育状态等来判断。

以上三条原则可总结为：选择稳定且不受环境、区域地质灾害影响的塔位。

基于塔位的选择原则，下列地段不宜作为塔位：

1）深切冲沟的边缘及其溯源侵蚀的源头地段。

2）松散堆积的高陡边坡。

3）水土流失严重的坡地或高陡狭窄的山脊。

4）滑坡、崩塌、泥石流及其他地质灾害强烈发育地段。

5）卸荷强烈发育的陡崖地段。

（2）稳定性评价。斜坡稳定性评价有定性与定量评价两大类，线路工程中基本上都采用定性评价方法，很少数需采用定量评价方法。定性评价主要采用类比法。

类比法是调查线路工程穿越区自然斜坡的稳定性现状，选择稳定类型斜坡。类比法可以广泛采用的原因是杆塔加于斜坡的荷载相对于整体斜坡而言很小，仅影响斜坡局部稳定性，几乎不会改变斜坡整体稳定性。

2. 查明地基条件

勘探点多布置于线路与山脊、山脉和分水岭交叉处不同地貌单元分界处，峡谷岗地或斜坡上较为平坦地带以及其他可能布置杆塔的地点。勘探深度主要取决于基岩的埋藏深度与断层破碎带的分布范围，通常深度5～15m。

按塔位是否覆盖有第四系土层，山地丘陵区的塔位分成基岩裸露和第四系土层覆盖两类场地。两类场地查明的地基条件的手段略有不同：

（1）基岩裸露场地。重点在于查明岩体完整程度、岩体风化程度和岩石坚硬程度，其中岩体风化程度又是重点中的重点。岩体风化程度主要通过工程地质调查和工程物探查明，必要时可采用轻型钻探。

（2）第四系土层覆盖场地。应查明第四系覆盖层厚度与工程特性，勘探深度应满足基础设计要求，当基岩面埋藏较深时应按平原河谷区的要求确定勘探深度。第四系覆盖层厚度和下伏基岩的工程特性可综合采用工程地质调查、工程钻机钻探和工程物探查明，必要时可布置探井。工程地质调查主要调查相邻区域的基岩露头，调查的内容与重点与基岩裸露场地相同。

3. 地下水与水、土腐蚀性评价

斜坡底部通常为崩（坡）积物，其间可能存在孔隙性地下水，且多以上层滞水的形式存在；其余部位基本不存在地下水，极少数有基岩裂隙水。地下水类型、水位埋深与变幅可采用工程地质调查查明。水、土腐蚀性应分工程地质条件段评价，一般引用初步设计阶段的勘察成果，必要时可选择代表性取水、土试样做腐蚀性试验以评价水、土腐蚀性。

4. 地基基础方案建议

山区、丘陵区的地基基础方案一般应遵循以下原则：

（1）少扰动塔位和环境区域。山区、丘陵区宜采用原状土基础加弃土专门处理的综合方案，弃土处理有指定安全位置堆放和外运两种方案。

（2）地基基础方案应与地形坡度相适应。地形坡度大于 45°时，不宜立塔；在 30°～45°时宜采用桩基础；15°～30°宜采用普通原状土基础；小于15°可采用普通原状土基础和开挖式基础。该原则不能绝对化，应优先考虑"少扰动塔位和环境区域"的原则。

（3）宜以基岩为地基持力层。以土层为地基持力层，可能会出现"上软下硬"的双层地基问题，"上软"指土层，"下硬"指基岩。斜坡上的双层地基不仅可能产不均匀地基变形，还可能导致第四系土层在荷载作用下沿基岩面发生滑动。

（4）可采用岩石基础。其具体形式有直锚式、承台式、嵌固式、斜锚式。各种岩石基础适用范围请参阅《架空输电线路基础设计技术规程》（DL/T 5219）相关章节内容。

对于位于山区的输电线路，当采用岩石基础时岩土专业需要向设计专业提供岩石等代极限剪切强度 τ_s 参数。这个参数的物理意义是将与杆塔基础竖向成

45°夹角的倒圆锥面作为基础受上拔力破坏的假想破裂面，假想的均匀分布于倒圆锥体表面的极限剪切应力的竖向分量作为抵抗上拔力的反向力，根据力的平衡条件可算出该极限剪切应力，即为岩石等代极限剪切强度。

5. 工程措施建议

原则上山地丘陵区不建议采用任何工程措施，必要时可根据实际条件比较采用（排）水沟、堡坎与挡墙、主（被）动防护网、锚固和抗滑桩等工程措施。

（1）截（排）水沟。截（排）水沟指设置于塔位四周，并接入自然排水系统的排水设施。截（排）水沟适用于可能形成积水的斜坡。截（排）水沟设置应注意以下两点：

1）不应广泛采用截水沟。受施工质量难以控制和维护困难的影响，截（排）水沟很难真正起到长期排泄地表水的作用，相反可能成为"积水沟"，恶化塔位的稳定性。

2）必须接入自然排水系统。截（排）水沟如果不能接入自然排水系统，则存在类似于冲沟的溯源侵蚀问题。截（排）水沟在长期水流作用下，一旦破坏则可在溯源侵蚀作用下"步步后退"至塔位，诱发塔位稳定性问题。

（2）主（被）动防护网。主（被）动防护网主要适用于块体破坏类型的斜坡，如小型崩塌、掉块或危岩防护。主（被）动防护网的难点在于掉块位置的判断和设计计算。

（3）锚固。岩土锚固是一种把受拉杆件埋入地层，达到有效地调用和提高岩土的自身强度和自稳能力的技术。对架空输电线路工程主要适用以下情形：

1）斜坡破坏模式的关键块体破坏。对关键块体进行锚固，以免关键块体失效引起斜坡的累进性破坏。

2）强风化斜坡的封闭保护。应结合挂网喷护。锚杆可起到点状锚固和为钢筋网提供支点的单一或双重作用。

3）碎石土边坡的表面封闭。对碎石土边坡进行封闭以免碎石土中的细颗粒流失，进而造成碎石土边坡的整体破坏。

（4）抗滑桩。抗滑桩是将桩插入滑动面（带）以下的稳定地层中，利用稳定地层岩土的锚固作用以平衡滑坡推力、稳定滑坡的一种结构物。抗滑桩是架空输电线路工程地质灾害治理中最常用和最有效的治理措施，适用于所有类型滑坡与边坡工程治理。

6. 施工及运行阶段注意事项

施工时应注意：边坡应自上而下顺序开挖；宜采用控制性爆破措施，以免诱发塔位失稳或者桩孔（基坑）无法成形；尽量不破坏植被；弃土应严格照图施工，严禁随意丢弃；施工完成后应平整坡面，严禁形成新的积水条件；开挖揭露的第四系土层厚度与勘察成果相差较大时，应及时通知勘察设计单位。

运行时应注意：塔位附近的河岸边坡和冲沟沟壁边坡的变化情况；公路、铁路等道路的改（扩）建对邻近塔位的影响；地表与地下矿山开采对塔位的影响；森林砍伐等植被破坏可能诱发的地质灾害对塔位的影响；旱地变水田等土地利用性质改变活动对杆塔地基条件的影响；暴雨等极端天气后应及时巡察。

四、黄土区勘察

1. 塔位选择与稳定性评价

湿陷性黄土浸润湿陷而引起的地基下沉往往是突然的，同时下沉量也是很大的。湿陷的产生往往伴随着地基的过大变形而导致建筑物的破坏。在线路工程中会造成塔基歪斜，不均匀下沉等，故对湿陷性黄土必须进行工程地质研究和评价。

（1）塔位选择。塬、峁和梁是黄土区典型的地貌单元，不同地貌单元的塔位稳定性问题严重程度略有不同，本质上都是斜坡稳定性问题，因为黄土区多为山区、丘陵区，山区、丘陵区的塔位选择原则同样适用于黄土区，但黄土区有其特殊性：斜坡由黄土组成；流水是改变黄土斜坡临空面的最主要因素。在山区、丘陵区的塔位选择原则的基础之上，考虑流水对黄土的特殊影响，提出以下的黄土区塔位选择原则。

1）塔位应选择排水条件好的地段，位置宜高不宜低：塔位尽量选择在梁顶、峁顶、塬面等较高的位置；选择较高位置，不仅有利于排水，而且可远离流水对黄土不利影响。

2）距河流、冲沟应有足够安全距离：在流水作用下，河岸边坡和冲沟边坡易于发生破坏，塔腿距河岸边坡、冲沟边坡的上缘不宜小于边坡高度的 1.5 倍。

3）宜避开冲沟发展方向：塔位宜避开冲沟溯源侵蚀的发展方向，黄土区冲沟在暴雨作用可能会快速发展。

4）应考虑土地灌溉方式的影响：宜避开引水浇灌农作物的区域，以免地基产生湿陷对塔基产生不利影响。

5）塔腿布置宜适应梯田的现状分布：黄土区大部分已被开成层层梯田，塔腿布置宜与梯田的现状相适应，不宜再开方，塔腿距田埂上边缘的距离不宜小于田坎高度的 1 倍。

6）避开窑洞、落水洞湿陷凹地、滑坡、崩塌、泥石流及地裂缝等。

（2）稳定性评价。塔位稳定性评价方法与本节的山地丘陵区相同，主要采用类比法，但应更注意流水作用对工程地质条件的影响。

2. 查明地基条件与黄土湿陷性评价

（1）查明地基条件。黄土是一种介于粉土与粉质黏土之间的特殊性土，特别适宜洛阳铲或机械洛阳铲勘探。查明地基条件包括地层时代、黄土密实程度、物理力学参数和湿陷性指标的竖向变化。竖向变化的查明主要通过探井取样试验来实现。

（2）黄土湿陷性评价。黄土湿陷性评价应包括湿陷性黄土厚度、场地湿陷类型、地基湿陷等级。黄土湿陷性评价是建立在土工试验成果的基础之上，因此黄土地区应布置一定数量的探井，取样方法与试验项目应满足《湿陷性黄土地区建筑标准》（GB 50025）的要求。

3. 地下水与水、土腐蚀性评价

调查地下水位埋深、季节性变化幅度、升降趋势，分析地下水与地表水体、灌溉情况以及地下水开采的关系。对位于较低位置的塔位，必要时可通过工程钻探查明。地下水的变化可导致地基湿陷，存在地下水的地段，对地下水变化情况应有足够的预见性。代表性地段取水样和土样做水、土腐蚀性试验，土样可利用探井土样。

4. 地基基础方案建议

山区、丘陵区的地基基础方案选择原则也适用于黄土区，黄土区宜优先采用原状土基础，开挖基础的缺点有：开挖量大；回填黄土难以压密且容易湿陷。

5. 工程措施建议

除采用防水与排水的工程措施外，原则上不宜采用任何辅助性工程，防水与排水主要有坡面平整、地表采用灰土封闭等。黄土区，尤其应慎用截（排）

水沟，以免排水不成，反积水。

6. 施工及运行阶段注意事项

施工期间弃土处理应严格执行设计要求，避免因弃土处理不当形成新的积水条件；应及时封闭桩孔或基坑，以免积水或积雪而改变地基条件；不宜破坏田埂等已经存在的边坡；应尽量保护植被。

运行期间观察塔位附近的河流、冲沟的侧向侵蚀情况；道路建设、土地利用性质变化、土地灌溉方式改变等人类活动对塔位的可能影响。

五、盐渍土勘察

当土中易溶盐含量大于0.3%，且具有溶陷、盐涨、腐蚀等工程特性时，应定名为盐渍土。当含盐量大于3%时，土的物理力学性质根据盐分的种类及多少而定。通常盐渍土的性质极不稳定，当干燥时抗压强度甚大，但受潮湿后很快变软，强度骤然降低，故对地基稳定极为不利。

1. 塔位选择与稳定性评价

（1）山前倾斜平原区，当输电线路工程通过山前倾斜平原前缘时，塔位宜选择在灌丛沙堆与盐渍土的过渡地带。

（2）地山前盆地区，应充分利用有利的微地形条件，结合盐渍土的类型，把铁塔位置选择在地面较高、盐渍程度较轻的地段。

（3）河谷区，塔位宜选择在有利于排水且地下水位较深的一侧。

（4）平原区，塔位直接绕避积水洼地、水库、背河洼地（地上悬河两岸之洼地）等受地表水危害和地下水位较高的段。

（5）滨海（湖）区，塔位宜绕避盐田、咸水区、虾池、鱼塘等；在软土和盐渍土共生地段，应在满足选线要求的同时，一并考虑对盐渍土的处理。

（6）不宜在地势低洼的汇水地段、地下水位在基础埋置深度附近升降活动地带、地表干湿交替频繁地段、盐渍土对金属及混凝土具有强烈腐蚀地段、盐胀与溶陷发育地段设立塔位。

2. 查明场地岩土工程条件

（1）采用地质调查和测绘查明其盐渍土的分布范围、湿化程度、土的性质及结构特征，含盐成分、含盐量、植物生长状况、分布特征。

（2）说明地下水类型、埋藏条件、毛细水上升高度及水位季节性变化规律。

（3）说明地表水的径流、排泄和积聚情况。

（4）盐渍土的岩土工程评价应符合《盐渍土地区建筑技术规范》（GB/T 50942）的有关规定。

（5）当确定线路穿过盐渍土地段时，则应在该地段布置适当勘探点，同时亦需取水、土试样进行试验，判定其腐蚀类型。其勘探深度与间距可视工程地质条件而定。

3. 地下水与水、土腐蚀性评价

盐渍土地段应取地下水及地表水做水质分析。相比于盐渍土的溶陷性和盐胀性，盐渍土的腐蚀性对于线路基础的危害程度要远大于前两种特性，因此，输电线路塔基盐渍土防护的重点在于防腐蚀处理措施。

氯盐的主要腐蚀对象是钢筋、硫酸盐的主要腐蚀对象是混凝土。土中水的存在与多少，往往是腐蚀与否以及腐蚀强度判定的重要特征。尤其在水位线或水位变化区域，因经常处于干湿交替条件下，其腐蚀危害更为严重。当结构物完全浸泡在水中时，因为氧在水中的溶解量远远低于大气中的氧含量，即使在盐水中，混凝土中的钢筋腐蚀也会很缓慢；另一方面，当结构处于比较干燥环境中时，尽管空气中有充足的氧，但由于缺水，混凝土中的钢筋腐蚀是非常缓慢甚至不腐蚀，所以结构物整体或部分处于干湿交替的部位，腐蚀最严重。

4. 地基基础方案的基本原则及地基处理方法

（1）盐渍土地基的处理应根据土的含盐类型、含盐量和环境条件等因素选择地基处理方法和抗腐蚀能力强的建筑材料。

（2）所选择的地基处理方法应在有利于消除或减轻盐渍土溶陷性和盐胀性对建（构）筑物的危害的同时，提高地基承载力和减少基地变形。

（3）选择溶陷性和盐胀性盐渍土地基的处理方案时，应根据水环境变化和大气环境变化对处理方案的影响，采取有效的防范措施。

（4）采用排水固结法处理盐渍土地基时，应根据盐溶液的黏滞性和吸附性，缩短排水路径、增加排水附加应力。

（5）处理硫酸盐为主的盐渍土地基时，应采用抗硫酸盐水泥，不宜采用石灰材料；处理氯盐为主的盐渍土地基时，不宜直接采用钢筋增强材料。

（6）盐渍土地基处理的目的，主要在于改善土的力学性能，消除或减少地基因浸水或温度变化而引起的溶陷、盐胀和腐蚀等特性。一般输电线路常用的地基处理方法有两种：换填垫层、裹体桩加固。

（7）防腐处理措施有提高混凝土的配合比、加混凝土添加剂、合理的构造措施、外防护涂料、防水设计等处理措施来提高其耐久性。

5．工程建议

盐渍土的盐涨性大多发生在地表 1～3m 范围内，对于盐渍土的这种特性，最简单的治理措施就是机械碾压，用夯土机对盐渍土进行强力夯实，使松散的土壤变得结实，减小土壤空隙。也可采用换土方法处理。

盐渍土的溶陷深度一般在地表 2～3m 以内，这个范围内的溶陷系数较大，会对基础的地基承载力造成一定的影响，可以采用换土方法处理。

对于盐渍土层较厚，含盐量较高时，在盐渍土也可采用桩基础。桩基础法适用于地下水位埋深较深的非饱和盐渍土地基；在水位较浅的饱和盐渍土地基中使用时，应进行现场试验。

选线应尽量避开富含盐碱较高的低洼地段，绕行或跨过为宜，否则应选择下列地段通过为宜：

（1）含盐较少而不宜稀释的地段。

（2）地势较高的地下水埋藏较深的地段。

（3）没有新产生盐碱地段。

六、膨胀土勘察

含有大量亲水矿物，湿度变化时有较大体积变化，变形受约束时产生较大内应力的岩土，应判定为膨胀岩土；膨胀土的成因多属残积、坡积型，由基性火成岩或中酸性火成岩风化而成，并与不同时代的黏土岩、泥岩、页岩的风化密切相关。洪积、冲积或其他成因的膨胀土也常见，但物质来源主要与上述条件有密切的联系。

1．塔位选择

膨胀土的各种特殊性质都与水密切相关，塔位选择时应特别注意择受地表水和地下水影响小的区域。勘察报告应明示基坑开挖过程应采取保湿等工程措施。

2．查明场地岩土工程条件

（1）采用地质调查和测绘查明场地因膨胀造成的滑坡、地裂、小冲沟等的分布。

（2）对膨胀岩土的勘察需注意查明塔位所在地膨胀岩土的时代、成因、分布及胀缩特征。

（3）查明塔位所在地的地形和地貌特征。

（4）查明塔位所在地的地表水排泄与积聚情况；地下水类型、水位及其变化幅度，土层中含水量变化规律。

（5）查明当地的大气影响深度。

（6）确定地基的岩土设计参数；塔位不宜选择在浅层滑坡及其他地表胀缩变形发育地带、易受地表径流影响及地下水位频繁变化地带。

（7）勘察深度除应满足基础埋深和附加应力的影响深度外，尚应超过大气影响深度。

3. 地基处理方案

膨胀土地基处理可采用换土、砂石垫层、土性改良等方法，也可以采用桩基础或墩基。

（1）采用换土处理时，可采用非膨胀性材料或灰土，换土厚度可通过变形计算确定。平坦场地上Ⅰ、Ⅱ级膨胀岩土的地基处理，宜采用砂石垫层，垫层厚度不应小于 300mm，垫层宽度应大于基底宽度，两侧宜采用与垫层相同的材料回填，并作好防水处理。

（2）采用桩基础时，其深度应达到胀缩活动区以下，且不小于设计地面下5m。同时，对于桩墩本身，宜采用非膨胀土作隔层。

4. 工程建议

（1）场地选择时，应选择具有排水通畅、坡度小于 14°并有可能采用分级低挡土墙治理胀缩性较弱的地段；避开地形复杂、地裂、冲沟、浅层滑坡发育或可能发育、低洼汇水、地下水位变化剧烈、地表干湿交替频繁、水质矿化度高的地段。

（2）线路路径宜选择在地势较高、排水条件好、土中含盐量低及盐渍土分布范围小的部位。

（3）应明确基坑开挖过程应采取保湿等工程措施。

（4）进行开挖工程时，应在达到设计开挖面前 1m 距离处，采取严格保护措施，防止岩体遭受长时间的曝晒、风干、浸湿或充水。

（5）应定期检查场地排水情况、挡土结构的裂缝等。

（6）做好塔基影响范围内的地表防水工作。

七、岩溶区勘察

1. 塔位选择与稳定性评价

（1）塔位选择。岩溶是地质历史时期形成的，在杆塔存续期间岩溶（土洞除外）几乎不会发展。只要做到施工图勘察阶段塔位选择时避开大规模溶洞和施工期间处理其他规模溶洞，保证岩溶区的杆塔在运行期间不会因岩溶而出现问题。

由于岩溶的地质作用结果，形成大量的地表及地下溶洞，而这些洞穴容易产生塌陷，从而导致地面建筑物变形或破坏，故于线路的选线及定位时必须对此加以注意。

在野外调查中应着重查明岩溶溶洞的分布，并对岩溶溶洞存在与其杆塔基础稳定性做出评价，对于岩溶的发育速度除石膏、岩盐等易溶岩的溶解速度很快外，其他易溶岩（特别是碳酸盐类岩石），在百年内的溶解速度是微不足道的，故在实际勘测中可予以忽略。

由于洞穴的塌陷可能危及线路杆塔的安全，因此在选线时尽量避开洞穴发育地段，如需从此区通过时，则杆塔应放在相对稳定地段。在构造断裂带发育地段，由于岩石破碎、地下水循环剧烈，常为岩溶发育地区，故线路应尽量绕过，塔位要避开洞穴及其塌陷可能影响的区域。

地质调查、钻探、物探相结合的方式是查明岩溶的主要手段。工程地质测绘（或调查）查明沿线（或塔位处）岩溶分布规律和发育程度；研究构造断裂（包括断层与岩层节理裂隙）与岩溶发育的关系，从而最终指明线路安全与合理的路径及杆塔布置的稳定地段。通过现场调查、访问和工程钻探进一步了解洞穴及塌陷发生时间、地点、发展趋势和扩展范围，如洞穴的大小、形状、分布特征（水平排列、垂直分布）和埋藏条件等要素。

岩溶区塔位选择除了考虑了岩溶问题外，还应考虑地形条件和崩塌。基于岩溶、地形条件和崩塌避让等三因素，岩溶区塔位选择宜遵循以下原则：

1）避开溶蚀洼地。水平岩溶通过勘探很难准确发现，地表存在露头的竖向岩溶较容易发现并避开，塔位宜避开水平向岩溶发育区。侵蚀基准面附近的水平向岩溶比较发育，溶蚀洼地高程接近于侵蚀基准面高程，塔位宜避开溶蚀洼地。

2）避开地表岩溶强烈发育区。避开溶蚀洼地是"竖向"选择原则，避开地表岩溶强烈发育区则是"平面"选择原则，在可供选择的高程内宜避开岩溶强烈发育区。岩溶发育程度可通过地表岩溶调查确定。

3）塔位的动态调整。杆塔定位时，宜采用物探方法探测地下是否存在大规模溶洞，如果存在，应及时调整塔位位置。该项原则适用于地下。

4）避开地形条件极差区、崩塌及其影响区。可溶性岩石多为硬质岩石，溶蚀作用可导致"绝壁"林立，尤其是溶蚀洼地－峰林峰丛区，"绝壁"不可能选为塔位。同时"绝壁"容易产生崩塌，塔位应避开"绝壁"崩塌及其上、下崩塌影响区，上影响区指强卸荷带，下则指崩塌物散落区。

（2）稳定性评价。塔位稳定性评价方法可参阅本节的山地丘陵区。岩溶导致的主要是地基稳定性问题，但根据塔位选择原则，塔位应选择无地基稳定性问题的地段。岩溶区一般不评价地基稳定性，确有需要，可参考《工程地质手册（第四版）》相关章节的内容。

2. 查明场地岩土工程条件

（1）岩溶区的塔位按可溶性岩石裸露状态分成两类：裸露类和红黏土覆盖类。

1）裸露类。通过地表岩溶调查查明地基表层部分的溶蚀状态，包括溶沟（槽）的深度、因溶蚀作用而脱离岩体的块石厚度，用工程物探查明地下的大规模溶洞。

2）红黏土覆盖类。岩溶类型为孤峰平原时，红黏土厚度较大且红黏土内可能发育有土洞，位于孤峰平原内的塔位宜逐腿采用工程物探或工程钻探查明地基条件；岩溶类型峰丛、溶蚀洼地－峰林峰丛、溶蚀残丘、石林石芽等四种类型时，可采用小麻花钻或工程物探方法查明地基条件，必要时采用工程钻机钻探。

（2）说明地下水的埋藏及动力特性。

（3）评价地基的稳定性与适宜性，推荐地基基础型式，并提出处理措施的建议。

（4）提供岩溶发育特征一览表，宜包括塔位号、塔腿、岩性、洞体形态及数量、埋藏条件、顶板情况、充填情况、有无地下水。

3. 工程措施建议

岩溶区的工程措施主要是岩溶地基处理。基底下红黏土超挖换填成素混凝土或毛石混凝土；施工过程中发现的溶洞主要有回填和穿越两种处理方法：回填是指用素混凝土或毛石混凝土将溶洞充填；穿越是指用桩穿越溶洞，将桩端置于溶洞之下的相对完整岩体之上。

溶洞处理的一般流程是：施工单位发现溶洞→勘察单位跟踪与复查→与原勘察设计资料对比复核→工程物探复测（可选）→专业（岩土和结构）协同评审→提出处理方案。

应根据岩溶发育程度不同预留相应的不可预见地基处理费用。

4. 施工及运行阶段注意事项

施工及运行阶段注意事项大部分与山地丘陵区相同，不再重述。施工单位发现溶洞后应及时汇报，勘察设计单位应启动上述的溶洞处理流程。

八、岩土工程勘察报告内容及深度

施工图阶段的岩土工程勘察报告应包括两部分内容。工程地质条件和主要岩土工程问题的汇总性说明；每个塔位的工程地质一览表。

1. 汇总性说明

（1）简要叙述勘察任务的要点、工程概况、工作内容及外业工作情况等。

1）自然地理位置、线路起讫点、线路路径前进方向的主要途径地区、跨越位置、线路长度、杆塔数量等。

2）说明勘察任务、目的和要求，并写明委托单位名称和勘察阶段依据；列举勘察依据的规范规程、技术标准、法律法规等。

3）勘察工作概况，主要包括勘察方法、勘察工作量、主要仪器设备、工作日期等。

（2）线路塔基地层岩性描述。

1）按地貌单元分段说明塔基各岩土层的地层时代、成因、分布特征及工程性质、地质条件复杂地段，需逐级说明。

2）提供各岩土层的重度、黏聚力、内摩擦角、地基承载力特征值、桩基参数等物理力学指标。

3）说明沿线地下水分布特征与埋藏条件，地下水的变化幅度；分区段评价地基土、地下水对建筑材料的腐蚀性。

4）说明特殊性岩土的类别、范围、性质，评价其对工程的危害程度，提出处理措施及建议。

5）说明不良地质作用的类型、范围、性质，评价其对工程的危害程度，提出处理措施建议。

6）线路沿线地震效应。

7）线路沿线矿产分布与开采情况。

8）场地标准冻结深度。

9）线路沿线土壤电阻率实测值和建议值。

10）地基基础方案及施工建议，主要包括线路沿线地基基础方案、基坑支护和施工降水、边坡处理、塔基防护与维护等方面的岩土工程建议及地质条件可能造成的工程风险等。

11）结论与建议，汇总性地说明地震动参数、水土腐蚀性、地基基础方案选择与地基处理的基本原则、土的标准冻结深度、施工期间注意事项、运行期间需关注的杆塔号等内容。

12）杆塔工程地质一览表、室内试验成果表等各种附件。

2. 杆塔地质一览表

施工图阶段的勘察对象为塔位，杆塔地质一览表相当于每个塔位的岩土工程勘察报告，应包括杆塔基本信息、工程地质条件、岩土工程分析评价和岩土参数等四部分内容，具体如下所示。

（1）杆塔编号。

（2）塔位的地形地貌、地层岩性、地下水、地震动参数、不良地质作用与地质灾害、人类活动等广义的工程地质条件。

（3）岩土层主要的物理力学性质参数。

（4）塔位稳定性评价、地基基础方案建议、针对性工程措施建议、施工和运行期间注意事项。

（5）必要的图件、表格及影像资料。

（6）其他相关的重要事项说明。

不同区域的工程地质条件的表达可采用不同的形式；山地区可采用表格形式；平地区可采用表格加塔位工程地质剖面图的形式。杆塔地质一览表见表 3-6。

表 3-6　架空输电线路杆塔地质一览表

工程地质分段	勘探点编号	里程 (km)	岩土描述			勘测期间地下水位埋深 (m)	岩土主要物理力学指标														备注
			深度	岩性	类别	状态		天然含水量 ω (%)	质量密度 ρ_0 (g/cm³)	孔隙比 e	液性指数 I_L	压缩指标		直剪		泥浆护壁钻(冲)孔灌注桩		多桥静探		承载力特征值 f_{ak} (kPa)	
												压缩系数 $\alpha_{0.1-0.2}$ (MPa⁻¹)	压缩模量 $E_{s0.1-0.2}$ (MPa)	黏聚力 c (kPa)	内摩擦角 φ (°)	极限侧阻力标准值 q_{sik} (kPa)	极限端阻力标准值 q_{px} (kPa)	锥头阻力 q_c (MPa)	侧阻力 f_s (kPa)		

第四章 电缆线路工程勘察

电力电缆的敷设方式分为直埋、排管、拉管、电缆沟、电缆隧道、桥梁（桥架）。本勘察手册内容不包括桥梁（桥架）部分。对于采用直埋、排管、电缆沟、拉管施工的电缆线路的岩土工程勘察作为一个章节论述，电缆隧道工程勘察将作为单独一个章节论述。

第一节 电缆线路工程勘察基本要求

（1）电力电缆工程勘察应取得工程沿线地形图、管线及地下设施分布图等资料，分析工程与环境的相互影响，提出基坑周边环境保护措施的建议。必要时根据任务要求开展工程周边环境专项调查工作。

（2）电力电缆工程勘察应在搜集当地勘察资料、建设经验的基础上，针对线路敷设形式以及工程的建筑类型、结构形式、施工方法等工程条件开展工作。

（3）电缆工程的重要性等级应根据施工工法、基坑深度和工程破坏后果，按照表 4-1 规定进行划分。

表 4-1   电力电缆工程的重要性等级

工程重要性等级			一级	二级	三级
施工工法及基坑深度	非开挖	顶管法/盾构法	均按一级		
		定向钻法	均按二级		
	明挖法		$H>8m$	$5m \leqslant H \leqslant 8m$	$H<5m$
	沉井法		$H>10m$	$H \leqslant 10m$	—
工程破坏后果			很严重	严重	不严重

注 1. H 基坑开挖深度或沉井底板埋深。

   2. 先根据施工工法及基坑深度初步确定工程的重要性等级，再结合工程破坏后果按不利组合的原则最终确定等级。

（4）电缆工程的场地复杂程度等级应按照表4-2规定进行划分。

表4-2　　　　　　　　场　地　复　杂　程　度　等　级

场地复杂程度	划分依据
复杂	地形地貌复杂；地基岩土种类多、性质变化大，需特殊处理；水文地质条件复杂，地下水对工程影响较大；不良地质作用强烈发育，边坡和围岩的岩土性质较差；抗震危险地段；周边环境条件复杂
中等复杂	除复杂场地和简单场地以外的场地
简单	地形地貌简单；地基土种类单一、性质均匀，不需特殊处理；水文地质条件简单，地下水对工程无不良影响；不良地质作用不发育，边坡和围岩的岩土性质较好；抗震有利地段；周边环境简单

（5）电缆工程岩土勘察等级依据工程重要性等级、场地复杂程度，可按下列条件将岩土工程勘察等级划分为甲级、乙级和丙级。

1）甲级：工程重要性等级为一级或工程场地为复杂场地时。

2）乙级：除勘察等级为甲级和丙级以外的勘察项目。

3）丙级：工程重要性等级且工程场地为简单场地时。

（6）电缆工程的岩土分类、描述应符合《岩土工程勘察规范》（GB 50021）的规定。

（7）电缆工程的围岩分级应根据隧道围岩的工程地质条件、开挖后的稳定状态、弹性纵波波速划分为Ⅰ级、Ⅱ级、Ⅲ级、Ⅳ级、Ⅴ级和Ⅵ级，参见附录D。

（8）电缆工程的岩土施工工程分级可根据岩土名称及特征、岩石饱和单轴抗压强度、钻探难度分为松土、普通土、硬土、软质岩、次坚石和坚石，参见附录E。

（9）电缆场地附近存在对工程设计方案和施工有重大的影响的岩土工程问题时应进行专项勘察。

第二节 电缆隧道工程勘察

一、电缆隧道工程可行性研究阶段勘察

1. 勘察一般规定

（1）可行性研究阶段的勘察应针对电缆隧道路径方案展开工程地质勘察，研究线路场地的地质条件，为线路方案比选提供地质依据。勘察应符合《电力工程电缆勘测技术规程》（DL/T 5570）及《城市轨道交通岩土工程勘察规范》（GB 50307）等的相关规定。

（2）可行性研究阶段勘察应重点研究影响线路方案的不良地质作用、特殊性岩土及关键工程的工程地质条件。

（3）可行性研究阶段勘察应重点应在搜集已有地质资料和工程地质调查与测绘的基础上，开展必要的勘探与取样、原位测试、室内试验等工作。

（4）钻孔、探井、探槽用完后应及时妥善回填，并记录回填方法、材料和过程；回填质量应满足工程施工要求，避免对工程施工造成危害。

（5）可行性研究阶段应调查电缆隧道场地的岩土工程条件、周边环境条件，研究控制线路方案的主要工程地质问题和重要周边工程环境，为线路位置、线路敷设形式、施工方法等方案的设计与比选、技术经济论证、工程周边环境保护及编制可行性研究报告提供地质资料。

（6）可行性研究勘察应进行下列工作：

1）搜集区域地质、地形、地貌、水文、气象地震、矿产等资料，以及沿线的工程地质条件、水文地质条件、工程周边环境条件和相关工程建设经验。

2）调查线路沿线的地层岩性、地质构造、地下水埋藏条件等，划分工程地质单元，进行工程地质分区，评价场地稳定性和适宜性。

3）对控制线路方案的工程周边环境，分析其与线路的相互影响，提出规避、保护的初步建议。

4）对控制线路方案的不良地质作用、特殊性岩土，了解其类型、成因、范围及发展趋势，分析其对线路的危害，提出规避、防治的初步建议。

5）研究场地的地形、地貌、工程地质、水文地质、工程周边环境等条件，分析地下工程方案及施工方法的可行性，提出线路比选方案的建议。

（7）可行性研究勘察应搜集下列资料：

1）工程所在地的气象、水文以及与工程相关的水利、防洪设施等资料。

2）区域地质、构造、地震及液化等资料。

3）沿线地形、地貌、地层岩性、地下水、特殊性岩土、不良地质作用和地质灾害等资料。

4）沿线古城址及河、湖、沟、坑的历史变迁及工程活动引起的地质变化等资料。

5）影响线路方案的重要建（构）筑物、桥涵、隧道、既有轨道交通设施等工程周边环境的设计与施工资料。

2. 勘探方案布置

（1）勘探点间距宜为 300～500m。在松散地层中，勘探孔深度应达到拟建隧道结构底板下 2.5 倍隧道高度，且不应小于 20m。在微风化～中等风化岩石中，勘探孔深度应达到拟建隧道结构底板下，且不应小于 8m。遇岩溶、土洞、暗河等，应穿透并根据需要加深。

（2）可行性研究勘察的取样、原位测试、室内试验的项目和数量，应根据线路方案、沿线工程地质和水文地质条件确定。

3. 取样、原位测试及室内试验

岩土工程勘察的取样、原位测试、室内试验的项目和数量，可根据各路径方案工程地质与水文地质条件确定。

4. 勘察重点分析评价内容

（1）拟建场地的稳定性及适宜性。

（2）初步分析评价隧道围岩分级、地应力分布、水文地质条件、洞口稳定条件及隧道施工对环境的影响等，提出适宜的隧道位置建议。

（3）存在不良地质作用、特殊性岩土时，初步分析其对隧道建设的影响。

二、电缆隧道工程初步设计阶段勘察

1. 勘察一般规定

（1）初步勘察应为初步设计和施工方法的选择提供岩土参数和相关建议。

（2）初步勘察工作应根据沿线区域地质和场地工程地质、水文地质、工程周边环境等条件，采用工程地质调查与测绘、勘探与取样、原位测试、室内试验等多种手段相结合的勘察方法。

（3）初步勘察应初步查明电缆隧道的工程地质和水文地质条件，分析评价地基基础型式和施工方法的适宜性，预测可能出现的岩土工程问题，提出初步设计所需的岩土参数，提出复杂或特殊地段岩土治理的初步建议。

（4）初步勘察应进行下列工作：

1）搜集带地形图的拟建线路平面图、线路纵断面图、施工方法等有关设计文件及可行性研究勘察报告、沿线地下设施分布图。

2）初步查明沿线地质构造、岩土类型及分布、岩土物理力学性质、地下水埋藏条件，进行工程地质区分。

3）初步查明特殊性土的类型、成因、分布、规模、工程性质，分析其对工程的危害程度。

4）查明沿线场地不良地质作用的类型、成因、分布、规模，预测其发展趋势，分析其对工程的危害程度，提出防治措施的建议。

5）初步查明沿线地表水的水位、流量、水质、河湖淤积物的分布以及地表水与地下水的补排关系；初步查明地下水水位，地下水类型，补给、径流、排泄条件，历史最高水位，地下水动态和变化规律，并评价地下水及地表水对隧道施工的影响；初步评价水和土对建筑材料的腐蚀性。

6）提供电缆隧道工程区的地震动参数。确定场地类别、划分抗震地段，对于抗震设防烈度等于或大于 7 度的地区应对地面以下不小于 15m 深度范围内饱和砂土及粉土进行液化判别，并提供地震液化判别成果表；大于 7 度时还应对厚层软土震陷的可能性进行分析评价；评价场地稳定性和工程适宜性。

7）在季节性冻土地区，应调查场地土的标准冻结深度。

8）说明埋藏河道、沟浜、防空洞、孤石、废弃基础、管线等地下埋藏物对工程建设的影响，并提出相关建议。

9）对于环境风险等级较高的工程周边环境，分析可能出现的工程问题，提出预防措施的建议。

10）初步划分隧道的围岩分级和岩土施工工程分级。

11）当水文地质条件复杂时，应进行水文地质试验。

12）初步查明地下有害气体、污染土层的分布、成分，评价其对工程的影响。

（5）钻孔、探井、探槽用完后应及时妥善回填，并记录回填方法、材料和过程；回填质量应满足工程施工要求，避免对工程施工造成危害。

2. 勘察方案布置

（1）勘探点的数量及位置应根据区域地质资料分析、地质调查和测绘及物探结果确定。勘探点间距宜为 75～150m，复杂场地宜取小值；在地貌、地质单元交接部位、地层变化较大地段以及不良地质作用和特殊性岩土发育地段应加密勘探点。

（2）工作井地段各勘探点应根据各井初步尺寸及轮廓布置不应少于 1 个勘探点。

（3）勘探孔深度的确定：一般性勘探孔应进入隧道底板以下不小于 2.5 倍隧道直径（宽度）或应进入结构底板以下微风化或中等风化岩石地层不小于 2m，控制性勘探孔应进入隧道底板以下不小于 3 倍隧道直径（宽度）或应进入结构底板以下微风化或中等风化岩石地层不小于 3m。

（4）钻孔深度应满足开挖、地下水控制及施工的要求。

（5）对于明挖工作井，勘探孔深度不小于基坑深度的 3 倍；对于沉井，勘探孔应进入结构底板以下不小于 2 倍沉井外径且应满足开挖、地下水控制、支护设计及施工的要求。

（6）当预定深度内有软弱夹层、破碎带或岩溶时，勘探孔深度应适当加深，当预定深度内有坚硬的地基岩土时，勘探孔深度可适当减少。

（7）初步勘察阶段控制性孔的数量宜为勘探点总数的 1/3，取样及原位测试勘探孔数量不应少于勘探孔总数的 2/3。

3．取样、原位测试及室内试验

初步设计阶段岩土工程勘察沿线每一主要岩土层的原状土样、岩样或原位测试数据不应少于 10 件（组）。

初步设计阶段岩土工程勘察的取样、原位测试、室内试验的项目，需要满足确定设计与施工方案、设备选型、不良地质作用整治方案的要求。

4．勘察重点分析评价内容

（1）初步查明地下有害气体、污染土层的分布、成分，评价其对工程的影响。

（2）查明沿线场地不良地质作用的类型、成因、分布、规模，预测其发展趋势，分析其对工程的危害程度，提出防治措施的建议。

（3）初步查明沿线地下水、地表水条件，评价对隧道施工的影响。根据需要提出地下水控制措施的建议。

（4）评价场地稳定性和工程适宜性。

（5）初步划分隧道的围岩分级和岩土施工工程分级，提出围岩的物理力学性质参数，评价围岩的稳定性。

（6）根据岩土工程、水文地质等条件及工程周边环境资料，结合初步的设计与施工方案，初步分析评价地质条件可能导致的设计或施工风险。

（7）对隧道的施工方法，结合岩土工程条件，分析基坑支护、围岩支护、盾构设备选型、岩土加固与开挖、地下水控制等可能遇到的岩土工程问题，提出处理措施的初步建议。

（8）初步评价进出洞口、竖井等位置的工程地质条件以及岩土体稳定性提出工程防护措施的建议。

三、电缆隧道工程施工图设计阶段勘察

1. 勘察一般规定

电缆隧道工程的详细勘察应在初步勘察的基础上，针对电缆隧道结构形式、施工工法等开展工作，满足施工图设计要求。针对工程特点及场地岩土条件，进行岩土工程分析与评价，提供设计和施工所需的岩土参数及有关结论和建议。

（1）电缆隧道工程的详细勘察应进行下列工作：

1）查明不良地质作用的特征、成因、分布范围、发展趋势和危害程度，提出防治措施的建议。

2）查明场地范围内岩土层的类型、年代、成因、分布范围、工程特性，分析和评价地基的稳定性、均匀性和承载能力，提出天然地基、地基处理或桩基等地基基础方案的建议。

3）查明特殊性岩土、河湖沟坑及暗浜等的分布范围，调查工程周边环境条件，分析评价其对设计与施工的影响，提出环境保护措施的建议。

4）查明对工程有影响的地表水体的分布、水位、水深、水质、防渗措施、淤积物分布及地表水与地下水的水力联系等，分析地表水体对工程可能造成的危害。

5）查明地下水的埋藏条件，提供场地的地下水类型、勘察时水位、水质、岩土渗透系数、地下水位变化幅度等水文地质资料，分析地下水对工程的作用，提出地下水控制措施的建议。

6）判定地下水和土对建筑材料的腐蚀性。

7）根据工程需要，提出对地下工程有不利影响的工程地质问题及防治措施的建议，提供基坑支护、隧道初期支护和衬砌设计与施工所需的岩土参数。

8）提供沿线的地震动参数。电缆隧道工程的场地土类型划分、建筑场地类别划分、抗震地段的划分、地基土液化判别应执行《建筑抗震设计规范》（GB 50011）的相关规定。

（2）电缆隧道详细勘察应以钻探、坑探、槽探和探井为主，并辅以必要的物探工作。

（3）对地质条件或岩土条件特别复杂的地段，应在详细勘察工作的基础上，针对隧道施工方法的专门要求，进行施工勘察。

（4）隧道工程勘察时，应专项调查沿线重要建（构）筑物的基础类型、结构形式和使用状态，并分析隧道工程建设与周边重要建（构）筑物、地下设施之间的相互影响。

（5）钻孔、探井、探槽用完后应及时妥善回填，并记录回填方法、材料和过程；回填质量应满足工程施工要求，避免对工程施工造成危害。

2. 勘察方案布置

（1）勘探点的平面布置应符合下列规定：

1）区间勘探点应沿路径轴线交叉布置在管线外侧，陆域段的勘探点应布置在隧道边线外侧 3～5m，水域段的勘探点应布置在隧道边线外侧 8～10m，勘探点宜交错布置。

2）地质构造复杂地段、岩体破碎带应布置勘探点。

3）地下水丰富、水文地质条件复杂的地段应布置勘探点。

4）工作井的勘探点应沿平面位置对角线或井壁轮廓线布置；工作井外宜布置勘探点，其范围不宜小于工作井的开挖深度。

5）穿越大、中型河流时，河床及两岸均应布置勘探点。

6）不同构筑物连接处、施工工法变化处等部位应布置勘探点。

7）勘探点的间距按表 4-3 确定。

表 4-3　　　　　　　　　电缆隧道施工图阶段勘探点间距　　　　　　　　　　（m）

场地复杂程度	明挖隧道（深度小于 5m）	明挖隧道（深度大于 5m）	顶管隧道	盾构隧道
一级	30～50	15～30	15～30	10～30
二级	50～75	30～50	30～50	30～50
三级	75～100	50～75	50～75	50～60
工作井：勘探点间距 10～20m，且不少于 2 个勘探点				

注　对于区间工程，勘探点间距是指勘探点投影到区间轴线的距离。

（2）勘探点布设及孔深、取样等应符合下列规定：

1）控制性勘探孔的深度应满足地基、隧道围岩、基坑稳定性分析、变形计算以及地下水控制的要求。

2）非明挖区间勘探孔应进入结构底板以下不小于 2.5 倍隧道直径（宽度）或应进入结构底板以下微风化或中等风化岩石不小于 2m。

3）明挖区间及明挖工作井的勘探孔深度应满足基坑勘察的要求且不应小于开挖深度的 2 倍；沉井工作井的控制性勘探孔应进入刃脚以下不小于井体宽度，一般性勘探孔应进入刃脚以下不小于井体宽度的 50%。

4）当存在抗拔桩、抗拔锚杆时，勘探孔的深度尚应满足抗拔设计要求。

5）当预定深度内有软弱夹层、破碎带或岩溶时，勘探孔深度应适当加深，当预定深度内有坚硬的地基岩土时，勘探孔深度可适当减少。

3．取样、原位测试及室内试验

（1）采取岩土试样和进行原位测试应满足岩土工程评价的要求。各工作井每一主要岩土层的原状土样、岩样或原位测试数据不应少于 6 件（组）；各区间每一主要土层的原状土试样或原位测试数据不应少于 10 件（组）。

（2）岩土工程勘察中根据需要和地区经验选取适合的测试手段，并符合《岩土工程勘察规范》（GB 50021）的规定。

（3）基床系数可通过原位测试、室内试验结合经验值综合确定。

（4）根据设计要求进行电阻率和波速测试，其测试位置和深度应根据建筑地段和设计要求确定。

（5）抗剪强度的室内试验方法应根据施工方法、施工条件、设计要求确定。

（6）土层热物理参数根据设计要求提供。

（7）基岩地区提供岩石的抗剪强度指标、软化系数、完整性指数、岩体基本质量等级等参数。

4．勘察重点分析评价内容

（1）分析评价拟建场地的不良地质作用、特殊性岩土的分布情况及其对隧道的影响，提供相应处理措施的建议。

（2）分析评价围岩的稳定性。

（3）分析评价地质构造复杂地段及不利地形对隧道工程的影响。

（4）提供隧道深度影响范围内承压水、有害气体分布情况，并分析评价其对隧道设计和施工可能产生的影响，提出处理措施。

（5）对可能产生的流砂、管涌等，提出防治建议。

（6）根据沿线工程地质条件、水文地质条件、环境地质条件，评价施工方法的适用性，对工程地质条件、水文地质条件特别复杂地段，提出超前地质预报的建议与要求。

（7）分析评价竖井等辅助通道的工程地质条件及岩土稳定性。

（8）根据沿线地下设施及障碍物专项调查报告，分析评价其对隧道设计和施工的不利影响，以及隧道施工对环境的不利影响，并提出处理建议。

5．工法勘察

（1）采用明挖法、矿山法、顶管法、盾构法等施工方法修筑电缆隧道时，岩土工程勘察应根据施工工法特点，为施工方法的比选与设计提供所需的岩土工程资料。

（2）明挖法勘察应提供放坡开挖、支护开挖及盖挖等设计、施工所需要的岩土工程资料。

（3）明挖法勘察应为下列工作提供勘察资料：

1）基坑支护设计与施工。

2）土方开挖设计与施工。

3）地下水控制设计与施工。

4）基坑突涌和基底隆起的防治。

5）施工设备选型和工艺参数的确定。

6）工程风险评估、工程周边环境保护以及工程监测方案设计。

（4）明挖法勘察应符合下列要求：

1）根据开挖方法和支护结构设计的需要提供必要的岩土参数。

2）土的抗剪强度指标应根据土的性质、基坑安全等级、支护形式和工况条件选择室内试验方法；当地区经验成熟时，也可通过原位测试结合地区经验综合确定。

3）查明场地水文地质条件，判定人工降低地下水位的可能性，为地下水控制设计提供参数；分析地下水位降低对工程及工程周边环境的影响，当采用坑内降水时还应预测降低地下水位对基底、坑壁稳定性的影响，并提出处理措施的建议。

4）根据粉土、粉细砂分布及地下水特征，分析基坑发生突水、涌砂、流土、管涌的可能性。

5）搜集场地附近既有建（构）筑物基础类型、埋深和地下设施资料，并对既有建（构）筑物、地下设施与基坑边坡的相互影响进行分析，提出工程周边环境保护措施的建议。

（5）明挖法勘察宜在开挖边界外按开挖深度的1～2倍范围内布置勘探点，当开挖边界外无法布置勘探点时，可通过搜集、调查取得相应资料。对于软土勘察范围尚应适当扩大。

（6）明挖法勘探点间距及平面布置应满足施工图设计阶段勘察方案布置的要求，地层变化较大时，应加密勘探点。

（7）明挖法勘探孔深度应满足基坑稳定分析、地下水控制、支护结构设计的要求。

（8）放坡开挖法勘察应提供边坡稳定性计算所需岩土参数，提出人工边坡最佳开挖坡形和坡角、平台位置及边坡坡度允许值的建议。

（9）矿山法勘察应提供全断面法、台阶法、洞桩（柱）法等施工方法及辅助工法设计、施工所需要的岩土工程资料。

（10）矿山法勘察应为下列工作提供勘察资料：

1）隧道轴线位置的选定。

2）隧道断面形式和尺寸的选定。

3）洞口、施工竖井位置和明、暗挖施工分界点的选定。

4）开挖方案及辅助施工方法的比选。

5）围岩加固、初期支护及衬砌设计与施工。

6）开挖设备选型及工艺参数的确定。

7）地下水控制设计与施工。

8）工程风险评估、工程周边环境保护和工程监测方案设计。

（11）矿山法勘察应符合下列要求：

1）土层隧道应查明场地岩土类型、成因、分布与工程特性；重点查明隧道通过土层的性状、密实度及自稳性，古河道、古湖泊、地下水、饱和粉细砂层、有害气体的分布，填土的组成、性质及厚度。

2）在基岩地区应查明基岩起伏、岩石坚硬程度、岩体结构形态和完整状态、岩层风化程度、结构面发育情况、构造破碎带特征、岩溶发育及富水情况、围岩的膨胀性等。

3）了解隧道影响范围内的地下人防、地下管线、古墓穴及废弃工程的分布，以及地下管线渗漏、人防充水等情况。

4）根据隧道开挖方法及围岩岩土类型与特征，按照有关规范提供所需的岩土参数。

5）预测施工可能产生突水、涌砂、开挖面坍塌、冒顶、边墙失稳、洞底隆起、岩爆、滑坡、围岩松动等风险的地段，并提出防治措施的建议。

6）查明场地水文地质条件，分析地下水对工程施工的危害，建议合理的地下水控制措施，提供地下水控制设计、施工所需的水文地质参数；当采用降水措施时应分析地下水位降低对工程及工程周边环境的影响。

7）根据围岩岩土条件、隧道断面形式和尺寸、开挖特点分析隧道开挖引起的围岩变形特征；根据围岩变形特征和工程周边环境变形控制要求，对隧道开挖步序、围岩加固、初期支护、隧道衬砌以及环境保护提出建议。

（12）矿山法勘察的勘探点间距及平面布置应满足施工图设计阶段勘察方案布置的要求。

（13）采用掘进机开挖隧道时，应查明沿线的地质构造、断层破碎带及溶洞等，必要时进行岩石抗磨性试验，在含有大量石英或其他坚硬矿物的地层中，应做含量分析。

（14）采用钻爆法施工时，应测试振动波传播速度和振幅衰减参数；在施工过程中进行爆破振动监测。

（15）采用导管注浆加固围岩时，应提供地层的孔隙率和渗透系数。

（16）采用管棚超前支护围岩施工时，应评价管棚施工的难易程度，建议合适的施工工艺，指出施工应注意的问题。

（17）盾构法勘察应提供盾构选型、盾构施工、隧道管片设计等所需要的岩土工程资料。

（18）盾构法勘察应为下列工作提供勘察资料：

1）隧道轴线和盾构始发（接收）井位置的选定。

2）盾构设备选型、设计制造和刀盘、刀具的选择。

3）盾构管片及管片背后注浆设计。

4）盾构推进压力、推进速度、盾构姿态等施工工艺参数的确定。

5）土体改良设计。

6）盾构始发（接收）井端头加固设计与施工。

7）盾构开仓检修与换刀位置的选定。

8）工程风险评估、工程周边环境保护及工程监测方案设计。

（19）盾构法勘察应符合下列要求：

1）查明场地岩土类型、成因、分布与工程特性；重点查明高灵敏度软土层、松散砂土层、高塑性黏性土层、含承压水砂层、软硬不均地层、含漂石或卵石地层等的分布和特征，分析评价其对盾构施工的影响。

2）在基岩地区应查明岩土分界面位置、岩石坚硬程度、岩石风化程度、结构面发育情况、构造破碎带、岩脉的分布与特征等，分析其对盾构施工可能造成的危害。

3）通过专项勘察查明岩溶、土洞、孤石、球状风化体、地下障碍物、有害气体的分布。

4）提供砂土、卵石和全风化、强风化岩石的颗粒组成、最大粒径及曲率系数、不均匀系数，耐磨矿物成分及含量，岩石质量指标（RQD），土层的黏粒含量等。

5）对盾构始发（接收）井及区间联络通道的地质条件进行分析和评价，预测可能发生的岩土工程问题，提出岩土加固范围和方法的建议。

6）根据隧道围岩条件、断面尺寸和形式，对盾构设备选型及刀盘、刀具的选择以及辅助工法的确定提出建议。

7）根据围岩岩土条件及工程周边环境变形控制要求，对不良地质体的处理及环境保护提出建议。

（20）盾构法勘察勘探点间距及平面布置应满足施工图设计阶段勘察方案布置的要求，勘察过程中应结合盾构施工要求对勘探孔进行封填，并详细记录钻孔内遗留物。

（21）盾构下穿地表水体时应调查地表水与地下水之间的水力联系，分析地表水体对盾构施工可能造成的危害。

（22）分析评价隧道下伏的淤泥层及易产生液化的饱和粉土层、砂层对盾构施工和隧道运营的影响，提出处理措施的建议。

（23）辅助措施的岩土工程勘察应提供相应的设计、施工所需的岩土工程资料。

（24）沉井法勘察应符合下列要求：

1）沉井的位置应有勘探点控制，并宜根据沉井的大小和工程地质条件的复杂程度布置 1～4 个勘探孔。

2）勘探孔进入沉井底以下的深度：进入土层不宜小于 10m；或进入中等风化或微风化岩层不宜小于 5m。

3）查明岩土层的分布及物理力学性质，特别是影响沉井施工的基岩面起伏、软弱岩土层中的坚硬夹层、球状风化体、漂石等。

4）查明含水层的分布、地下水位、渗透系数等水文地质条件，必要时进行抽水试验。

5）提供岩土层与沉井侧壁的摩擦系数、侧壁摩阻力。

（25）导管注浆法勘察应符合下列要求：

1）注浆加固的范围内均应布置勘探点。

2）查明土的颗粒级配、孔隙率、有机质含量，岩石的裂隙宽度和分布规律，岩土渗透性，地下水埋深、流向和流速。

3）宜通过现场试验测定岩土的渗透性。

4）预测注浆施工中可能遇到的工程地质问题，并提出处理措施的建议。

四、地下水的作用及控制

电缆隧道勘察应评价地下水的力学作用和物理、化学作用及地下水控制方法。

1．地下水力学作用的评价包含内容

（1）对地下结构物和挡土墙应考虑在最不利组合情况下，地下水对结构物的上浮作用，提供抗浮设防水位；对节理不发育的岩石和黏土可根据地方经验或实测数据确定。有渗流时，地下水的水头和作用宜通过渗流计算进行分析评价。

（2）验算边坡稳定时，应考虑地下水对边坡稳定的不利影响。

（3）在地下水位下降的影响范围内，应分析地面沉降及其对工程和周边环境的影响。

（4）在有水头压差的粉细砂、粉土地层中，应分析产生潜蚀、流土、管涌的可能性。

2．地下水的物理、化学作用的评价包含内容

（1）对地下水位以下的工程结构，应评定地下水对建筑材料的腐蚀性。

（2）对软质岩、强风化岩、残积土、湿陷性土、膨胀岩土和盐渍岩土，应

评价地下水的聚集和散失所产生的软化、崩解、湿陷、胀缩和潜蚀等有害作用。

3.地下水控制方法

应根据施工方法、开挖深度、含水层岩性和地层组合关系、地下水资源和环境要求，建议适宜的地下水控制方法。

（1）采用降水方法进行地下水控制应评价工程降水可能引起的岩土工程问题：

1）评价降水对工程周边环境的影响程度。

2）评价降水形成区域性降落漏斗和引发地下水补给、径流、排泄条件的改变。

3）采用辐射井降水方法时，应评价土层颗粒流失对工程周边环境的影响。

4）采用减压井降水方法时，应分析评价基底稳定性和水位下降对工程周边环境的影响。

（2）采用帷幕隔水方法时应分析截水帷幕的深度、施工工艺的可行性，并分析施工中存在的风险。

（3）采用引渗方法时应评价上层水的下渗效果及对下层水水环境的影响。

（4）采用回灌方法时应评价同层回灌或异层回灌的可能性，异层回灌时应评价不同含水层地下水混合后对地下水环境的影响。

五、不良地质作用

对于采空区、岩溶、地裂缝、地面沉降等不良地质作用的勘察可参考变电与架空线路部分相应的内容，并按照国家现行有关规范规程进行勘察，提出相应的措施及建议以满足工程设计、施工及运营的需要。

对电缆隧道附近的燃气、油气管道渗漏、化学污染、人工有机物堆积、化粪池等产生、储存有害气体地段，应进行有害气体的勘察与评价，并提出处理建议。

1.有害气体的勘察应查明的内容

（1）地层成因、沉积环境、岩性特征、结构、构造、分布规律、厚度变化。

（2）含气地层的物理化学特征、具体位置、层数、厚度、产状及纵、横方向上的变化特征、圈闭构造。

（3）有害气体生成、储藏和保存条件，确定有害气体运移、排放、液气相转换和储存的压力、温度及地质因素。

（4）地下水水位与变化幅度、补给、径流、排泄条件，含水层分布位置、孔隙率与渗透性，地下水与有害气体的共存关系。

（5）有害气体的分布、范围、规模、类型、物理化学性质。

（6）当地有关有害气体的利用及危害情况和工程处理经验。

2. 有害气体的勘探

（1）应采用钻探、物探和现场测试等综合勘探手段。勘探点应结合地层复杂程度、含气构造和工程类型确定，勘探线宜按线路纵、横断面方向布置，并应有部分勘探点通过生气层、储气层部位。勘探点的数量应根据实际情况确定。

（2）勘探孔深度宜结合生气层、储气层深度确定。

（3）岩层、砂层岩芯采取率不宜小于 80%，黏性土、粉土、煤层不宜小于 90%。

（4）各生气层、储气层应取样不少于 2 组，隔气顶、底板各不少于 1 组。

3. 有害气体的测试

（1）有害气体的类型、含量、浓度、压力、温度及物理化学性质。

（2）生气层、储气层的密度、含水率、液限、塑限、有机质含量、孔隙率、饱和度、渗透系数。煤层的密度、孔隙率、水分、挥发分、全硫、坚固性系数、瓦斯放散初速度、等温吸附常数、自燃倾向性、煤尘爆炸性。

（3）封闭有害气体的顶、底板的物理力学性质。

（4）水的腐蚀性。

4. 有害气体的分析与评价包括的内容

（1）地下工程通过段的工程地质与水文地质条件，有害气体生气层、储气层的埋深、长度、厚度，与线路交角、分布趋势、物理化学性质及封闭圈特征。

（2）地下工程通过段的有害气体类型、含量、浓度、压力，预测施工时有害气体突出危险性、突出位置、突出量，评价有害气体对施工及运营的影响，提出工程措施的建议。

（3）必要时编制详细工程地质图（比例尺 1:500～1:5000）工程地质纵、横断面图（比例尺 1:200～1:2000），应填绘有害气体的类型、分布范围及生气层、储气层的具体位置，有关测试参数等。

六、岩土试验

1. 岩土室内试验

室内试验的试验方法、操作和采用的仪器设备应符合《土工试验方法标准》（GB/T 50123）和《工程岩体试验方法标准》（GB/T 50266）的有关规定。

2. 岩土热物理指标

岩土热物理指标的测定，可采用面热源法、热线法或热平衡法。岩土的热物理参数可根据需要，提供导热率、热扩散率、比热容测试成果表；岩土热物理指标经验值可参考《城市轨道交通岩土工程勘察规范》（GB 50307）附录 K。

七、勘察报告内容

1. 勘察报告中的岩土工程分析评价

（1）工程建设场地的稳定性、适宜性评价。

（2）各类建筑工程的地基基础型式、地基承载力及变形的分析与评价。

（3）不良地质作用及特殊性岩土对工程影响的分析与评价，避让或防治措施的建议。

（4）划分场地土类型和场地类别，抗震设防烈度大于或等于 6 度的场地，评价地震液化和震陷的可能性。

（5）围岩、边坡稳定性和变形分析，支护方案和施工措施的建议。

（6）工程建设与工程周边环境相互影响的预测及防治对策的建议。

（7）地下水对工程的静水压力、浮托作用分析。

（8）水和土对建筑材料腐蚀性的评价。

（9）说明埋藏河道、沟浜、防空洞、孤石、废弃基础、管线等地下埋藏物对工程建设的影响，并提出相关建议。

2. 各种工法评价包含内容

（1）明挖法施工应重点分析评价下列内容：

1）分析基底隆起、基坑突涌的可能性，提出基坑开挖方式及支护方案的建议。

2）支护桩墙类型分析，连续墙、立柱桩的持力层和承载力。

3）软弱结构面空间分布、特性及其对边坡、坑壁稳定的影响。

4）分析岩土层的渗透性及地下水动态，评价排水、降水、截水等措施的可行性。

5）分析基坑开挖过程中可能出现的岩土工程问题，以及对附近地面、邻近建（构）筑物和管线的影响。

（2）矿山法施工应重点分析评价下列内容：

1）分析岩土及地下水的特性，进行围岩分级，评价隧道围岩的稳定性，提出隧道开挖方式、超前支护形式等建议。

2）指出可能出现坍塌、冒顶、边墙失稳、洞底隆起、涌水或突水等风险的地段，提出防治措施的建议。

3）分析隧道开挖引起的地面变形及影响范围，提出环境保护措施的建议。

4）采用爆破法施工时，分析爆破可能产生的影响及范围，提出防治措施的建议。

（3）盾构法、顶管法施工应重点分析评价下列内容：

1）分析岩土层的特征，指出盾构选型应注意的地质问题。

2）分析复杂地质条件以及河流、湖泊等地表水体对盾构施工的影响。

3）提出在软硬不均地层中的开挖措施及开挖面障碍物处理方法的建议。

4）分析盾构施工可能造成的土体变形，对工程周边环境的影响，提出防治措施的建议。

3. 地面建（构）筑物的岩土工程分析评价

应符合《岩土工程勘察规范》（GB 50021）的有关规定。

4. 工程建设对工程周边环境影响的分析评价

（1）基坑开挖、隧道掘进和桩基施工等可能引起的地面沉降、隆起和土体的水平位移对邻近建（构）筑物及地下管线的影响。

（2）工程建设导致地下水位变化、区域性降落漏斗、水源减少、水质恶化、地面沉降、生态失衡等情况，提出防治措施的建议。

（3）工程建成后或运营过程中，可能对周围岩土体、工程周边环境的影响，提出防治措施的建议。

第三节 浅埋电缆线路工程勘察

本节适用于采用电缆直埋、排管、沟槽、拉管敷设方式的电缆线路岩土工程勘察。

一、浅埋电缆线路工程可行性研究阶段勘察

1. 勘察方法

（1）应以搜集资料、现场踏勘、调查为主，辅以必要的勘探测试工作。勘探点间距宜为 300～500m，复杂场地应适当加密勘探点。

（2）每个控制性工点、工程地质单元均应有勘探点。

（3）有多个路径方案比选时，各比选路径方案均应布置勘探点。

（4）勘探点深度应能满足场地稳定性与适宜性评价及路径方案设计与施工方案比选的要求。

2. 勘察分析评价内容

（1）根据工程特点及工程地质条件，分析评价拟建场地的稳定性和适宜性。

（2）初步分析评价不良地质作用及其分布范围和影响。

（3）在特殊性岩土分布区域，初步分析评价其工程特性和可能造成的不利影响。

（4）拟采用明挖法，初步查明地下水埋深及软弱土层分布。

3. 岩土工程勘察报告的内容及深度

岩土工程勘察报告应论述清楚各路径方案的工程地质条件，分析主要岩土工程问题，比较路径方案优劣，从岩土专业角度推荐最优路径方案，提出下阶段工作建议、专项勘察或专题研究的建议。

浅埋电缆线路工程可行性研究阶段岩土工程勘察报告应根据任务要求、工程特点和地质条件等具体情况编写，并应包括下列内容：

（1）前言，包含工程概况、目的与任务依据和要求、执行的技术标准、各线路路径或重要跨越方案等情况。

（2）工作过程、勘察方法及完成的工作量。

（3）区域地质、地质构造、地震活动性等。

（4）分段阐述各路径沿线的地形地貌特征、地基岩土构成、地下水条件、不良地质作用、环境地质问题及矿产资源分布等。

（5）各路径方案岩土工程条件的分析与评价，论证各方案的可行性，提出初步的比选和推荐意见。

（6）提出下阶段的工作建议。

二、浅埋电缆线路工程初步设计阶段勘察

初步设计阶段勘察应以钻探、坑探、槽探和井探为主，辅以必要的工程地质测绘和调查、物探等勘察方法，查明拟定路径方案的工程地质及水文地质条件，评价拟建地段的稳定性。

1. 勘探点的布置

勘探点间距宜符合表 4-4 的规定。地质条件复杂的大中型河流地段，应进行钻探，每个穿越、跨越方案宜布置勘探点 1～3 个。

表 4-4　　　　　　　初步勘察勘探点间距建议值　　　　　　　（m）

场地复杂程度	埋深小于 5m 明挖施工	拉管施工
复杂	100～200	30～60
中等复杂	200～300	60～100
简单	300～500	100～150

注　1. 表中埋深均指管底埋置深度。
　　 2. 表中数据依据《市政工程勘察规范》（CJJ 56）给出。

2. 勘探点深度

（1）直埋、排管、电缆沟勘探深度应满足开挖、地下水控制、支护设计及施工的要求，且不应小于基底设计高程以下 5m；当预定深度内有软弱夹层时，勘探孔深度应适当增加；预定深度内有坚硬的岩土层时，勘探孔深度可适当减少。

（2）对于明挖工作井，勘探点深度不应小于基坑深度的 3 倍。

（3）采用拉管施工敷设的管道勘探孔深度应进入管底设计高程以下 5～10m。

3. 取样及原位测试

岩土勘察控制性勘探点的数量宜为勘探点总数的 1/3，采取土试样和进行原位测试的勘探孔数量不应少于勘探孔总数的 2/3。

4. 初步勘察应重点分析评价内容

（1）根据沿线的地貌单元、岩土条件，分析对管道敷设的影响，分区进行各地段的稳定性评价。

（2）根据沿线不良地质作用及特殊性岩土的分布范围、性质、发展趋势，初步分析其对管道的影响，提出防治措施的初步建议。

（3）初步提供管线敷设施工、管道防腐设计及工作井、接收井设计施工所需的有关设计参数。

三、浅埋电缆线路工程施工图设计阶段勘察

1. 勘探点的布置

（1）直埋、排管、电缆沟的勘探点宜沿管沟中线布置，因现场条件需移位调整时，勘探点位置不宜偏离管沟外边线 3m；采用拉管施工敷设的电缆勘探点宜沿管沟外侧交叉布置，并应满足设计、施工要求。

（2）管沟走向转角处、工作井（室）、宜布置勘探点，每个井勘探点数量不应少于 2 个，勘探点间距不宜超过 30m。

（3）穿越河流时，河床及两岸均应布置勘探点；穿越铁路、公路时，铁路和公路两侧应布置勘探点。

（4）勘探点的间距按表 4–5 确定。

表 4–5 　　　　　　　　　详细勘察勘探点间距建议值　　　　　　　　　　（m）

场地复杂程度	埋深小于 5m 明挖施工	拉管施工
复杂	50～100	20～30
中等复杂	100～150	30～50
简单	150～200	50～100

注　表中数据依据《市政工程勘察规范》（CJJ 56）给出。

2. 勘探孔深度

（1）直埋、排管、电缆沟的勘探孔深度应满足开挖、地下水控制、支护设计及施工的要求，且应达到沟底设计高程以下不少于 3m；拉管的勘探孔深度应达到管底设计高程以下 5～10m；非对于工作井等竖井，应根据开挖深度及地下水控制、支护设计及施工的要求综合确定勘探深度。

（2）当基底下存在松软土层、厚层填土和可液化土层时，勘探孔深度应适当加深。

3. 取样、原位测试及室内试验

（1）采取土试样和进行原位测试的勘探孔数量不应少于勘探孔总数的 1/2。

（2）应在管沟顶和管沟底部位采取土、水试样进行腐蚀性分析试验。尚应对埋设深度范围内各岩土层进行电阻率测试。

（3）室内试验的项目和数量，可根据各路径方案工程地质和水文地质条件确定。

4．勘察报告应重点分析评价的内容

（1）分析评价拟建场地的不良地质作用、特殊性岩土的分布情况及其对管道的影响，提供相应处理措施的建议。

（2）对拟采用开挖施工方案的电缆工程，应提供基坑边坡稳定性计算参数及基坑支护设计参数；分析基坑施工与周围环境的相互影响；提出基坑开挖与支护方案的建议。

（3）分析评价地下水对工程设计、施工的影响，提供地下水控制所需地层参数，并评价地下水控制方案对工程周边环境的影响。

（4）当采用拉管敷设时，应提供相应工法设计、施工所需参数；对稳定性较差地层可能产生流砂、管涌等地层，应提出预加固处理的建议。

（5）电缆穿越堤岸时应分析破堤对堤岸稳定性的影响和堤岸变形对管道的影响，提供相关建议。

（6）施工阶段的环境保护和监测工作的建议。

（7）管沟通过基岩埋藏较浅的地段时，应查明对设计和施工方案有影响的基岩埋深及其风化、破碎程度。

（8）必要时对软土的物理力学特性、软岩失水崩解、膨胀土的胀缩性和裂隙性、非饱和土的增湿软化等岩土的特殊性质对基坑工程的影响进行评价。

（9）当基坑底部为饱和软土或基坑深度内有软弱夹层时，应建议设计进行抗隆起、突涌和整体稳定性验算；当基坑底部为砂土，尤其是粉细砂地层和存在承压水时，应建议设计进行抗渗流稳定性验算；提供有关参数和防治措施的建议；当土的有机质含量超过 10%时，应建议设计考虑水泥土的可凝固性或增加水泥含量。

第五章　岩土工程勘察报告编制

岩土工程勘察报告是建设项目中的重要的工程技术资料，是基本建设项目中设计和施工的地质依据，并且对设计和施工起到指导性的作用。岩土工程勘察报告主要是以土力学、岩石力学、工程地质学、地基基础工程学为基础，对工程中的地质条件和所存在的问题进行分析，解决工程建设中所存在的有关土体和岩体的相关技术问题。

第一节　勘察报告编制的一般规定

岩土工程勘察报告以全部勘察资料为依据，宜按勘察阶段编写。岩土工程勘察报告所依据的原始资料和利用资料应经过整编、检查、分析、鉴定，确认无误后方可使用。

编写岩土工程勘察报告应符合下列要求：

（1）层次分明、表述清楚，图表清晰，计算正确，论证充分，结论明确，建议技术可行、安全适用、经济合理、针对性强。

（2）采用统一规定的名词、术语、计量单位。

（3）文字论述、图件、照片、表格内容等应互相吻合、相辅相成、前后呼应。

岩土工程勘察报告所附图表应与工程类型、勘察阶段、任务要求等相适应。当工程需要时，可根据要求针对专门性的岩土工程问题编写专题报告，必要时也可将相关资料、文件作为附件或附录。简单场地的勘察报告内容可适当简化，对于工程规模小且工程地质条件简单的工程可将勘察阶段合并。

第二节　勘察报告基本内容

一、文字部分

（1）工程概况。

（2）勘察依据、勘察方法（手段）、勘察工作量。

（3）区域地质构造、不良地质作用、场地稳定性、适宜性评价。

（4）场地地形地貌、地下水、地表水概况、地层描述。

（5）岩土工程分析及评价。

1）特殊土的分析及评价。

2）水土腐蚀性评价。

3）抗震内容：抗震设防要求、场地类别、抗震地段、液化判定。

4）地基基础方案分析及评价（岩土物理力学指标分析及统计、地基承载力的建议值等）。

5）基坑工程分析及评价。

（6）结论及建议。

二、图表部分

1. 应附图表

（1）勘察报告的图件应有图例。

（2）勘察成果报告应将下列岩土参数分析统计表和工程分析评价计算表纳入相应章节。

1）勘探点主要数据一览表，主要包括孔号、孔深、孔性、坐标、孔口高程等。

2）岩土的主要物理、力学性质指标分层统计表。

3）原位测试成果图表及试验指标分层统计表。

4）液化判别计算表。

5）湿陷性黄土地基的湿陷量计算表和自重湿陷量计算表。

6）膨胀土地基的胀缩变形量计算表。

7）桩的极限侧阻力标准值（特征值）、极限端阻力标准值（特征值）的建议值一览表。

8）承载力建议值和压缩性指标。

9）水质分析、易溶盐分析成果表。

10）其他需要的分析统计表。

（3）勘察报告应附下列图表：

1）勘探点平面位置图。

2）工程地质剖面图。

3）柱状图（钻孔、探井、探槽、静力触探）。

4）原位测试成果图表。

5）室内试验成果图表。

6）架空输电线路需提供每个塔位的工程地质明细表（地质一览表）。

7）其他根据工程需要的图表。

2. 平面图和剖面图

（1）建筑物与勘探点平面位置图应包括下列内容：

1）拟建建筑物的轮廓线及其与红线或已有建筑物的关系、层数（或高度）及其名称、编号，拟定的场地整平高程。

2）已有建筑物的轮廓线、层数及其名称。

3）勘探点及原位测试点的位置、类型、编号、高程、深度和地下水位。

4）剖面线的位置和编号。

5）方向标、比例尺、必要的文字说明。

6）高程引测点应在平面图中明示或做出说明。

（2）工程地质剖面图应根据具体条件合理布置，主要应包括下列内容：

1）勘探孔（井）在剖面上的位置、编号、地面高程、勘探深度、勘探孔（井）间距，剖面方向（基岩地区）。

2）岩土图例符号（或颜色）、岩土分层编号、分层界线。

3）岩石分层、岩性分界、断层、不整合面的位置和产状。

4）溶洞、土洞、塌陷、滑坡、地裂缝、古河道、埋藏的沟滨、古井、防空洞、孤石及其他埋藏物。

5）地下水稳定水位高程（或埋深）。

6）取样位置，土样的类型（原状、扰动）或等级。

7）静力触探曲线（当无单独静力触探成果图表时）。

8）圆锥动力触探曲线或随深度的试验值。

9）标准贯入等原位测试的位置、测试成果。

10）比例尺、标尺。

11）地形起伏较大或工程需要时，标明拟建建筑的位置和场地整平高程。

12）图签。

（3）钻孔（探井）柱状图应包括下列内容：

1）工程名称、钻孔（探井）编号、孔（井）口高程、钻孔（探井）直径、钻孔（探井）深度、勘探日期等。

2）地层编号、年代和成因、层底深度、层底高程、层厚、柱状图、取样位置及编号、原位测试位置和编号及实测值、岩土描述、地下水位、测试成果、岩芯采取率或 RQD（对于岩石）、责任签署等。

3）必要的钻孔（探井）坐标。

3. 原位测试图表

（1）载荷试验成果图表。载荷试验应绘制荷载（p）与沉降（s）曲线，必要时绘制各级荷载下沉降（s）与时间（t）或时间对数（$\lg t$）曲线。应根据 p—s 曲线拐点，必要时结合 s—$\lg t$ 曲线特征，确定比例界限压力和极限压力。当 p—s 呈缓变曲线时，可取对应于某一相对沉降值（即 s/d，d 为承压板直径）的压力评定地基土承载力。

（2）静力触探试验应绘制深度与贯入阻力曲线。对于单桥静力触探横坐标为比贯入阻力，对于双桥静力触探横坐标为锥尖阻力、侧摩阻力和摩阻比，对于三桥探头横坐标为锥尖阻力、侧摩阻力、摩阻比和贯入时的孔隙水压力。

（3）标准贯入试验成果 N 可直接标在工程地质剖面图上，也可绘制单孔标准贯入击数 N 与深度关系曲线或直方图。

（4）单孔连续圆锥动力触探试验应绘制锤击数与贯入深度关系曲线；也可直接绘在工程地质剖面图上。

（5）十字板剪切试验应提供单孔十字板剪切试验土的不排水抗剪峰值强度、残余强度、重塑土强度和灵敏度随深度的变化曲线，需要时绘制抗剪强度与扭转角度的关系曲线。

（6）旁压试验应对各级压力和相应的扩张体积（或换算为半径增量）分别进行约束力和体积的修正后，绘制压力与体积曲线，需要时可作蠕变曲线。

第六章 岩土工程勘察质量控制

岩土工程勘察是项目建设过程中的关键环节，有着重要意义，质量控制应贯穿岩土工程勘察项目全过程。岩土工程勘察方案及岩土工程成果是影响项目建设进度、安全和质量的重要因素，故应重点校审勘察方案及岩土工程勘察报告，以提升勘察设计质量；为确保岩土工程勘察质量，在工程勘察时，应对外业勘察时的影像资料进行留存，包括勘察日期、地理定位及勘探设备、岩芯等影像资料。后续的室内试验及内业资料整理也关乎岩土工程勘察报告的质量，在实际工作中均应重点关注。

第一节 勘察方案及成果校审要点

一、勘察方案

（1）勘察方案布设是否合理。主要为勘探点的布设及孔深。对于平原地区，在耐张、转角、跨越及终端塔等重要塔位布设勘探点；对于山区，应重点查明地层分布情况。勘探点间距不宜过大，对于地质条件复杂且变化较大的地段，勘探点应加密。

（2）勘探点的布置应根据工程地质条件复杂程度、杆塔型式和设计要求确定。在直线段勘察时，对简单地段可间隔 3～5 基布置一个勘探点，对中等复杂地段可间隔 1～3 基布置一个勘探点，对复杂地段宜逐基勘探。勘探点宜布置在塔位的中心部位。

（3）相邻勘探点的岩土工程条件变化较大时，宜选择其间合适塔位增加勘探点，勘探点控制在岩土工程条件变化的地段。

（4）勘探孔的深度应根据工程地质条件、杆塔基础类型、基础埋深及载荷大小确定。一般勘探孔深度应达到 $H+0.5b$～$H+1.0b$（H 为基础埋置深度，b 为基础宽度）。对于硬质土可适当减少，对耐张、转角、跨越、终端塔和软土应适当加深。

（5）对工程地质较为复杂，不易确定所采用基础类型的塔位，勘探孔深度应按较为保守的类型确定。

（6）应查明杆塔塔基附近有无岩溶洞穴、滑坡、崩塌、倒石堆以及泥石流等不良地质作用。塔位宜避开上述地段，当不能避开时，应深入调查；必要时进行适量的勘探，研究并确定其影响与危害程度，采取相应的措施。

（7）工程建设环境发生较大变化或站址、路径等方案发生重大变化时，要对原勘察资料进行分析、确认，如不满足要求，则应进行补充勘察，依据勘察结论开展设计。

（8）对于岩石地基，应查明岩石的类别、岩层产状、节理裂隙发育程度、风化程度与风化厚度。

（9）划分地貌单元、地质条件复杂程度，合理选用勘察方法。

（10）对于变电站，勘探点、勘探线的布置应控制站址范围，并兼顾总平面图。

（11）变电站应布设 20m 深的钻孔，用以进行波速估算或测试，确定场地类别。

二、勘察报告

（1）工程概况中应明确站址或线路途经行政区及相应的示意图，线路起讫点。

（2）报告中应有工作量一览表，工作量一览表中的内容应与实际工作量一致，且与勘察报告中相应的图件、试验等内容相符合。

（3）勘察报告应叙述区域地质构造。

（4）调查塔位处的地形地貌类型，报告中应明确地形坡度大于 30°和小于 30°等地形坡度段所占比例。

（5）应进行场地稳定性与适宜性的评价；划分建筑场地类别，判定场地和地基的地震效应。存在场地覆盖层厚度判定不正确，导致场地类别也判定不正确的问题。

（6）阐述场地内特殊土的分布情况并初步查明特殊土的类型、分布范围，评价其对工程建设影响，提出绕避或整治方案的建议。注意同一项目的变电与线路的相关性与差异性。

（7）对于需要进行液化判定的项目，报告中应有液化判定的计算书。计算书中计算所采用的各项数据取值要明确，如：液化计算点深度等；液化判定计算书中的水位宜采用设计基准期内最高水位或近期内最高水位。对于 7 度及以上地下水埋藏较浅的地区，线路重要杆塔宜进行液化判定。

（8）报告中应附湿陷量的计算书。计算书中要明确所采用的各项数据取值，如：湿陷量的计算中的修正系数 β_0 等的取值。

（9）对于需要基坑支护设计的项目，岩土工程勘察报告中应有基坑支护设计参数、开挖建议及开挖注意事项。基坑支护方案的建议，应结合场地周边环境，工程地质条件，提供尽可能多的支护设计方案建议，以便设计人员进行支护设计方案比选。

（10）变电站土壤电阻率报告包括接地极土壤电阻率和土壤电阻率数据。

（11）水、土腐蚀性判定。报告中要明确场地环境类别判定、腐蚀性判定结果。

（12）水、土腐蚀性分析所取试样应具有代表性，且应满足规范要求。线路部分的腐蚀性评价应分区段进行；全线腐蚀性不一致时，应分区段评价。

（13）变电场地应说明场地是否存在埋藏的河道、沟浜、墓穴、防空洞、孤石等对工程不利的埋藏物，并提出相关建议。

（14）应结合工程地质情况综合给出地基基础方案的建议。需要进行地基处理时，提供地基基础方案初步设计所需参数。桩基础设计参数应根据物理力学指标及场地地层情况，结合地区经验参照《建筑桩基技术规范》综合给定。

（15）勘察报告中的桩基设计参数应与土工试验统计数据匹配；桩基设计参数应明确相应的施工工艺。

（16）应明确地下水类型、排泄及补给途径，历史最高水位及年变化幅度。当存在抗浮问题时，应明确抗浮设防水位建议值。论述地下水对工程建设施工的影响，基坑开挖需进行地下水控制时，提出地下水控制所需的水文地质参数及相关防护措施建议。

（17）勘探点平面图中应有指北针。

（18）岩土工程勘察报告的标准贯入试验等原位测试成果图表、成果统计表、统计指标应符合相应的规范规定及要求。

（19）对于花岗岩类，全风化、强风化岩石应有必要的原位测试数据。

（20）图件中展示内容应全面（包含土样、原位测试、比例尺等）。

（21）当测试、试验项目委托其他单位（受委托单位应具有相应的资质）

完成时项目，提交的成果应有受委托单位的公章及责任签署，在成果报告中并相应地加盖计量认证章。

（22）变电站取土试样钻孔与原位测试钻孔在平面上应均匀布置，且每一主要土层的取样或原位测试数量不应少于 6 件。

（23）场地内是否存在崩塌、滑坡、泥石流、危岩、采空区、地面沉降等类型不良地质作用。对于不良地质作用应阐述场地不良地质作用类型、成因、分布范围、性质，预测其发展趋势和危害程度、提出绕避或整治方案的建议。

（24）说明场地内的矿产资源分布与开采情况。

（25）提供场地土的标准冻结深度。

第二节 工程勘察典型问题

一、共性问题

1. 勘察报告缺少区域地质概况论述

（1）问题描述。岩土工程勘察报告中缺少线路路径方案沿线的区域地质构造、地震活动性论述。

（2）问题分析。区域地质概况主要包括区域地质构造、地震活动性及区域稳定性，包括拟建场地的覆盖层厚度影响到场地类别的划分，评价其对电力项目建设的影响。

（3）改进措施。勘察设计人员应充分搜集拟建线路、站址的区域地质概况，充分论述场地的地震活动性及区域稳定性。

2. 地下水水位表述不准确

（1）问题描述。建（构）筑物基础位于地下水位影响范围内，勘察单位提供场地地下水位不准确。

（2）问题分析。地下水位较高时，对结构设计方案影响较大，地下水水位的准确性对工程降水技术方案，工程量及工程投资影响较大。设计中应根据场地周边环境、地下水概况及工程设计方案综合确定施工降水、截水方案。

（3）改进措施。建议勘察单位应充分搜集现场地下水位资料，并结合场地周边项目资料或区域水文地质资料，综合给出切合项目实际的水文地质参数。

3．场地地下水或地基土腐蚀性判定结论不正确

（1）问题描述。场地地下水或地基土土腐蚀性判定错误。

（2）问题分析。在腐蚀性判定时，首先要进行环境类别的判定，这一步判定错误就可能导致腐蚀性结论判定错误；其次，要注意区分水的腐蚀性报告还是土的腐蚀性报告，依据相对应的试验结果进行判定；对于土的腐蚀性判定，要注意表 H−1 注 1 中的内容：在Ⅰ、Ⅱ类腐蚀环境，无干湿交替作用时，表格中硫酸盐含量数值应乘以 1.3 的系数，要注意对"无干湿交替作用"的界定；注 2 要求对表 H−1 中的数据乘以 1.5 的系数，而不是将易溶盐分析报告中的数据乘以 1.5 的系数。

（3）改进措施。技术人员加强对专业知识的学习，单位应注重加强对规范条文中理解与宣讲，并在实际工作中加以熟练运用，勘察设计单位应加强内部校审工作的把关。

4．工程地质分层不合理

（1）问题描述。地层划分为砂层，相应层位土工试验表中试样均为原状土样，且在文字报告地层描述中该层也未体现夹土层；依据土工试验数据钻孔中存在 3～5m 厚度的软弱土层，在钻孔柱状图中地层划分中未体现该层。

（2）问题分析。工程勘察地层剖面的划分应以实际钻探的数据和岩土性状为依据，结合土工实验数据，综合分析进行划分，不能仅以单一的某一项数据为依据划分；对于项目资料整理过程中存在的不清楚的地方应向有关人员确认，不能凭主观臆断推测处理。

（3）改进措施。技术人员加强对专业知识的学习，勘察设计单位应注重加强对技术人员专业技能的培训与提高；技术人员应严格按照规范规定的要求进行岩土工程勘察报告编制，熟练专业软件的使用，做好成果的质量检验与检查；勘察设计单位内部还应建立健全校审机制，确保提交的成果资料符合规范规程的规定，满足使用要求。

二、变电站部分

变电站岩土工程勘察报告未准确反映地层实际情况，设计方案存在安全隐患。

（1）问题描述。地质勘察深度不足，未进行现场勘探或者简单引用相邻工程资料，以点带面；或进行了现场勘探，但勘探点数量不足或取土试样、原位

测试等指标不满足规范规定的要求，不能真实反映工程地质情况，存在安全隐患。

（2）问题分析。岩土工程勘察报告作为设计的支撑性基础资料，直接影响设计方案的安全性及精准性。

《变电站岩土工程勘测技术规程》（DL/T 5170）要求如下：

初步设计阶段，勘测应查明所址区的地层分布及岩土物理力学性质，提出地基基础方案设计所需的计算参数，规程对勘探点、线、网也有具体规定。对位于简单场地的 220kV 变电站，勘探线数量不宜少于 3 条，勘探点间距不大于 120m。

施工图阶段，应查明各建（构）物的地基岩土类别、层次、厚度、分布规律及工程性质，分析评价地基的稳定性和均匀性；提供岩土的物理性质和抗剪强度、压缩模量、地基承载力等指标以及人工地基、桩基础等地基基础设计所需计算参数。

勘测人员未严格执行勘测内容深度规定，容易造成施工工期及工程投资变动，并可能使变电站存在安全隐患。

（3）改进措施。勘察单位应按照《变电站岩土工程勘测技术规程》（DL/T 5170）要求，合理布置勘探点、线、网，确定勘探点深度，在外业施工和内业资料整理中严格执行有关规范规定要求，形成合格的勘察报告，满足各设计阶段深度要求。

三、线路部分

1. 勘察资料深度不足

（1）问题描述。工程地质资料深度不足，造成基础设计方案、施工方案及工程量发生较大变化，具体体现如下：

地质分层描述不准确，导致施工过程中设计变更较多；地层划分未将软弱土层划出，在设计方案中桩基础桩端持力层位于软弱土层中，不满足规范规定要求，且基础设计方案存在安全隐患。

地质水位情况不准确，造成基础方案变化；地基土、地下水腐蚀性、湿陷性评价依据不充分，结论不准确，导致工程存在安全隐患。

（2）问题分析。地质资料是支撑技术方案的基础，对工程技术方案、工程量及工程投资影响很大，尤其是地质分层、腐蚀型、不良地质情况等重要结果必须准确。根据《35kV～220kV 输变电工程初步设计与施工图设计阶段勘测报告内容深度规定 第 2 部分：架空线路》（Q/GDW 11881.2—2018）中第6、7 章等有关特殊岩土及不良地质作用有关要求，说明特殊岩土、不良地质作用的类别、范围、性质，评价其对工程的危害程度，提出避绕或整治对策建议。

（3）改进措施。勘察报告的深度对设计成品的质量起着支撑作用，勘察单位应严格按照相应设计阶段相关深度要求编写勘察报告；设计单位应加强地质勘察深度及勘察成果管理。

2. 桩基设计参数推荐值未切合工程实际

（1）问题描述。桩基础桩端持力层建议不合理，位于软弱地层中；提供桩基设计参数过于冒进。

（2）问题分析。桩基设计参数应有针对性的提供，且应与工程地质情况相适应，对于不适合做桩端的地层不建议给出端阻值，避免设计人员将桩端置于软弱层中；桩基设计参数要根据土工数据、地质情况，参照附录 J，结合地区经验综合给定。

（3）改进措施。技术人员应充分了解设计意图，了解设计人员对各类基础类型的构想，综合分析工程地质条件，充分考虑客观情况，采用合理的勘测手段，有针对性地开展勘察工作，为设计专业提供准确的设计输入资料。

第三节　岩土工程勘察协同设计

一、工程勘察协同设计

在岩土工程勘察设计中，首先需要做到勘察与设计的统筹协调，解决岩土勘察与设计专业脱节问题。岩土勘察与设计专业协同作业频繁，根据工程项目内容的不同，需要勘察设计的内容也存在较大差别，输变电工程勘察设计呈现出"涉及的专业种类较多""专业协同作业频繁"等特点，有效的沟通协调有助于输变电工程高质量建设。

项目外的勘察设计与业主、政府部门、工程相关方等的协调沟通是勘察设计工作的重要组成部分，及时纠偏，对勘察设计成果进行进一步修改，为后续的设计和施工奠定良好基础。项目内的勘察与设计、测量、物探等相关专业协同工作，可以高质量落实设计任务，切实提高整体工作效率和整体设计质量，同时还可以实现设计成果的沉淀与知识的复用，指导后续工作。在同一项目的各阶段的勘察工作中，要做好各专业之间的工作协同，勘察工作前期，接收到任务书后，勘察人员应及时向设计专业了解项目的详细信息，明确变电站、线路杆塔拟采用的基础型式，明确项目的工作内容与范围，各种接口关系及设计要求；勘察工作中期，对于内业整理过程中或项目施工中发现的影响设计的问题及时与设计专业沟通，实现协同勘察，以保证勘察成果准确输入。

在勘察设计工作过程中，确定具体协同设计解决方案至关重要，是保证勘察流程科学合理、稳定落实的关键。例如，室外勘察是工程项目勘察设计工作的重要组成部分，直接影响最终的勘察信息质量。在进行室外勘察过程中，要基于数据库和互联网等技术，构建协同勘察设计系统平台，以有序开展专业化的勘察设计工作。

随着信息科学技术不断发展，空间数据技术、地质信息统计技术、三维设计技术等也都在输变电工程中得到广泛应用，在工程勘察设计中要充分利用这些先进技术，实现勘察工作和方案设计的有机融合，以此达到优化设计的目的。

二、各类基础型式对勘察的要求

在输变电工程中，常用的基础型式有浅基础、筏板基础、桩基础、岩石锚杆基础、螺旋锚基础等。不同的基础类型，设计专业对岩土工程勘察要求及岩土工程勘察报告中分析评价的侧重点不同。

1. 浅基础

对拟采用浅基础项目的岩土工程勘察报告中要重点关注的内容如下：

（1）场地的稳定性和适宜性。

（2）查明不良地质的成因、类型、分布范围、发展趋势和危害程度，提供整治的方案及岩土技术参数的建议。

（3）地基土层的均匀性，有无软弱下卧层，基础持力层的地基承载力能否满足拟建工程的荷载要求；地基沉降是否均匀及地基沉降量、变形能否满足要求。

（4）需查明和评价地下水的埋藏状态及地层的透水性和富水性，强含水层的分布范围，对基坑开挖的涌水量进行试验并预测，为基坑设计和开挖提供水文地质参数。

（5）确定地基土及地下水在拟建工程施工和使用期间可能产生的变化及其对工程的影响，提出防治措施及建议。

2. 地基处理

需进行地基处理的岩土工程勘察应满足下列内容：

（1）针对可能采取的地基处理方案，提供地基处理设计程施工所需的岩土特性参数。

（2）预测所选地基处理方法对环境和邻近建筑物的影响。

（3）提出地基处理方案的建议。

（4）场地条件复杂且缺乏成功经验时，应在施工现场对拟选方案进行试验或对比试验，检验方案的设计参数和处理效果。

（5）在地基处理施工期间，应进行施工质量和施工对周围环境和邻近工程设施影响的监测。

3. 桩基础

对拟采用桩基础项目的岩土工程勘察报告中要重点关注的内容如下：

（1）查明场地内各土层的类型、分布规律及工程特性。

（2）当采用基岩作为桩基持力层时，应查明基岩的岩性、构造、岩面变化、风化程度、确定其坚硬程度、完整程度和基本质量等级，判断有无洞穴、临空面、破碎岩体或软弱岩层。

（3）查明水文地质条件，评价地下水对桩基设计和施工的影响，判定水质对建筑材料的腐蚀性。

（4）查明不良地质作用、可液化土层和特殊性岩土的分布及其对桩基的危害程度，并提出防治措施的建议。

（5）评价成桩的可行性，论证桩的施工条件及其对环境的影响，提出可选的桩基类型及桩端持力层。

4. 岩石锚杆基础

岩石锚杆基础多应用于输电线路。其降低了基础材料消耗量，施工面较小，有利于环境和水土保持。对拟采用岩石锚杆基础重点查明以下内容：

（1）采用岩石锚杆基础适宜性做出评价并提出建议。

（2）可溶岩的溶洞、溶沟、溶槽发育规模及其充填情况。

（3）岩石的强度及其软化系数。

（4）地下水类型、地下水位及其变化幅度、地下水对建筑材料的腐蚀性。分析地下水对锚杆基础施工和运行期间的不利影响。

（5）在岩土工程勘察报告中应逐腿提供地质柱状图，对岩体岩性、坚硬程度、风化程度、完整程度、岩体基本质量等级、黏性土岩性、湿度、状态等明确表述。

5. 螺旋锚基础

螺旋锚基础多应用于输电线路，其作为一种原状土基础，具有施工快、机械化程度高、环境影响小的特点。对拟使用螺旋锚基础的地层进行适用性勘察宜在初设阶段进行，必要时在可研阶段进行。

（1）螺旋锚基础进行岩土工程勘察时，应掌握建（构）筑物结构类型、荷载、埋深等情况，预估可能的桩长和地基变形计算深度，确定勘探点深度。

（2）螺旋锚基础岩土工程勘察宜采用钻探、井探或触探的方式进行，查明地下水埋藏情况、地下水位及其变化幅度；查明场地土冻结深度。分析提出各塔位螺旋锚基础适用性建议，提出锚盘持力层建议；对螺旋锚基础施工、运行中可能出现的岩土工程问题进行预测分析，并提出相应建议。

（3）拟采用螺旋锚基础的塔位宜采取"一基一勘，逐腿提资"的岩土工程勘察原则，并遵循以下要求，合理选用勘测手段：

1）对软土、黏性土、粉土和砂土的原位测试手段，宜采用室内试验、标准贯入试验、动力触探试验等手段查明地基土的岩土层类别及其分布特征、土层颗粒级配、黏性土状态、砂土和碎石土密实状态、侧摩阻力等。

2）对碎石土地基进行勘察时，应取样做筛分试验确定碎石土的平均粒径和最大粒径，必要时宜采用探井中采取大体积土试样进行颗粒分析。

3）地下环境腐蚀性宜按《岩土工程勘察规范》（GB 50021）进行评价。

6. 基坑工程

基坑工程在岩土工程勘察报告中重点关注的内容如下：

（1）查明场地内各岩土层的类型、分布规律及工程特性。岩土层的特征、状态分析评价要准确，报告提供的岩土层的内摩擦角和黏聚力值要准确，为基坑的设计、开挖和边坡支护提供准确岩土参数。

（2）勘察报告应对提供的基坑开挖和边坡支护结构选型进行分析论述，提出建议，确保工程安全。

（3）分析研究和论述基础施工对周边地区的现有建筑物的影响。如基坑降水对周边地区地面沉降的影响，基坑开挖对周边建筑物基础的影响等。对可能产生的安全问题进行预测并提出合理的处理方案。

（4）出地下水控制方法、计算参数和施工控制的建议。

（5）提出施工阶段环境保护和监测工作的建议。

附录 A 线路沿线地段工程地质复杂程度划分

线路沿线地段工程地质复杂程度划分见表 A-1。

表 A-1 线路沿线地段工程地质复杂程度划分

地段类别	划分标准
简单地段	地形平坦，地貌单一，地层结构简单，岩土性质好，无特殊性岩土，无不良地质作用，地下水对地基基础无不良影响
中等复杂地段	地形起伏较大，地貌单元较多，地层结构较复杂，岩土性质较差，局部有特殊性岩土，有不良地质作用，地下水水位较浅，且对地基基础可能有不良影响
复杂地段	地形起伏大，地貌单元多，地层结构很复杂，岩土性质差，特殊性岩土分布广泛，不良地质作用发育，地下水水位较浅，且对地基基础有不良影响

注 摘自《220kV 及以下架空送电线路勘测技术规程》(DL/T 5076)。

附录 B 场地稳定性分级

场地稳定性分级见表 B-1。

表 B-1　　　　　　　场地稳定性分级

场地稳定性类别	分级要素
不稳定 （符合条件之一）	（1）强烈全新活动断裂带 （2）对建筑抗震的危险地段 （3）不良地质作用强烈发育，地质灾害危险性大地段
稳定性差 （符合条件之一）	（1）微弱或中等全新活动断裂带 （2）对建筑抗震的不利地段 （3）不良地质作用中等—较强烈发育，地质灾害危险性中等地段
基本稳定 （符合条件之一）	（1）非全新活动断裂带 （2）对建筑抗震的一般地段 （3）不良地质作用弱发育，地质灾害危险性小地段
稳定 （符合条件）	（1）无活动断裂 （2）对建筑抗震的有利地段 （3）不良地质作用不发育

注　1. 从不稳定开始，向稳定性差、基本稳定、稳定推定，以最先满足的为准。

　　2. 摘自《城乡规划工程地质勘察规范》（CJJ 57）。

附录 C　工程建设适宜性的定性分级

工程建设适宜性的定性分级见表 C-1。

表 C-1　　　　　　　　工程建设适宜性的定性分级

级别	分级要素	
	工程地质与水文地质条件	场地治理难易程度
不适宜	（1）场地不稳定 （2）地形起伏大，地面坡度大于 50% （3）岩土种类多，工程性质很差 （4）洪水或地下水对工程建设有严重威胁 （5）地下埋藏有待开采的矿藏资源	（1）场地平整很困难，应采取大规模工程防护措施 （2）地基条件和施工条件差，地基专项处理及基础工程费用很高 （3）工程建设将诱发严重次生地质灾害，应采取大规模工程防护措施，当地缺乏治理经验和技术 （4）地质灾害治理难度很大，且费用很高
适宜性差	（1）场地稳定性差 （2）地形起伏较大，地面坡度大于等于 25% 且小于 50% （3）岩土种类多，分布很不均匀，工程性质差 （4）地下水对工程建设影响较大，地表易形成内涝	（1）场地平整较困难，需采取工程防护措施 （2）地基条件和施工条件较差，地基处理及基础工程费用较高 （3）工程建设诱发次生地质灾害的概率较大，需采取较大规模工程防护措施 （4）地质灾害治理难度较大或费用较高
较适宜	（1）场地基本稳定 （2）地形有一定起伏较大，地面坡度大于 10% 且小于 25% （3）岩土种类较多，分布较不均匀，工程性质较差 （4）地下水对工程建设影响较小，地表排水条件尚可	（1）场地平整较简单 （2）地基条件和施工条件一般，基础工程费用较低 （3）工程建设可能诱发次生地质灾害，采取一般工程防护措施可以解决 （4）地质灾害治理简单
适宜	（1）场地稳定 （2）地形平坦，地貌简单，地面坡度小于等于 10% （3）岩土种类单一，分布均匀，工程性质良好 （4）地下水对工程建设无影响，地表排水条件良好	（1）场地平整简单 （2）地基条件和施工条件优良，基础工程费用低廉 （3）工程建设不会诱发次生地质灾害

注　1. 表中未列条件，可按其对场地工程建设的影响程度比照推定。
　　2. 划分每一级别场地工程建设适宜性分级，符合表中条件之一时即可。
　　3. 从不适宜开始，向适宜性差、较适宜、适宜推定，以最先满足的为准。
　　4. 摘自《城乡规划工程地质勘察规范》（CJJ 57—2011）附录 C。

附录 D 隧 道 围 岩 分 级

隧道围岩分级见表 D-1。

表 D-1　　　　　　　　隧 道 围 岩 分 级

围岩级别	围岩主要工程地质条件		围岩开挖后的稳定状态（单线）	围岩压缩波波速 v_p（km/s）
	主要工程地质特征	结构形态和完整状态		
I	坚硬岩（单轴饱和抗压强度 $f_r>60$ MPa）：受地质构造影响轻微，节理不发育，无软弱面（或夹层）；层状岩层为巨厚层或厚层，层间结合良好，岩体完整	呈巨块状整体结构	围岩稳定，无坍塌，可能产生岩爆	>4.5
II	坚硬岩（$f_r>60$ MPa）：受地质构造影响较重，节理较发育，有少量软弱面（或夹层）和贯通微张节理，但其产状或组合关系不致产生滑动；层状岩层为中层或厚层，层间结合一般，很少有分离现象；或为硬质岩偶夹软质岩石；岩体较完整	呈大块状砌体结构	暴露时间长，可能会出现局部小坍塌，侧壁稳定，层间结合差的平缓岩层顶板易塌落	3.5~4.5
	较硬岩（30MPa<f_r≤60MPa）：受地质构造影响轻微，节理不发育；层状岩层为厚层，层间结合良好，岩体完整	呈巨块状整体结构		
III	坚硬岩和较硬岩：受地质构造影响较重，节理较发育，有层状软弱面（或夹层），但其产状组合关系尚不致产生滑动；层状岩层为薄层或中层，层间结合差，多有分离现象；或为硬、软岩石互层	呈块石状镶嵌结构	拱部无支护时可能产生局部小坍塌，侧壁基本稳定，爆破震动过大易塌落	2.5~4.0
	较软岩（15MPa<f_r≤30MPa）和软岩（5MPa<f_r≤15MPa）：受地质构造影响严重，节理较发育；层状岩层为薄层、中厚层或厚层，层间结合一般	呈大块状砌体结构		
IV	坚硬岩或较硬岩：受地质构造影响极严重，节理较发育；层状软弱面（或夹层）已基本破坏	呈碎石状压碎结构	拱部无支护时可产生较大坍塌，侧壁有时失去稳定	1.5~3.0
	较软岩和软岩：受地质构造影响严重，节理较发育	呈块石、碎石状镶嵌结构		
	土体： 1. 具压密或成岩作用的黏性土、粉土及碎石土； 2. 黄土（Q_1、Q_2）； 3. 一般钙质或铁质胶结的碎石土、卵石土、粗角砾土、粗圆砾土、大块石土	1、2 呈大块状压密结构；3 呈巨块状整体结构		

围岩级别	围岩主要工程地质条件		围岩开挖后的稳定状态（单线）	围岩压缩波波速 v_p（km/s）
	主要工程地质特征	结构形态和完整状态		
V	软岩受地质构造影响严重，裂隙杂乱，呈石夹土或土夹石状，极软岩（$f_r \leqslant 5MPa$）	呈角砾、碎石状松散结构	围岩易坍塌，处理不当会出现大坍塌，侧壁经常小坍塌；浅埋时易出现地表下沉（陷）或塌至地表	1.0～2.0
	土体：一般第四系的坚硬、硬塑的黏性土，稍密及以上，稍湿或潮湿的碎石土、卵石土、圆砾土、角砾土、粉土及黄土（Q_3、Q_4）	非黏性土呈松散结构，黏性土及黄土松软状结构		
VI	岩体：受地质构造影响严重，呈碎石、角砾及粉末、泥土状	呈松软状	围岩极易坍塌变形，有水时土砂常与水一齐涌出，浅埋时易塌至地表	<1.0（饱和状态的土<1.5）
	土体：可塑、软塑状黏性土、饱和的粉土和砂类土等	黏性土呈易蠕动的松软结构，砂性土呈潮湿松散结构		

注　1. 表中"围岩级别"和"围岩主要工程地质条件"栏，不包括膨胀性围岩、多年冻土等特殊性岩土。

　　2. Ⅲ、Ⅳ、Ⅴ级围岩遇有地下水时，可根据具体情况和施工条件适当降低围岩级别。

　　3. 摘自《城市轨道交通岩土工程勘察规范》（GB 50307—2012）附录 E。

附录E 岩土施工工程分级

岩土施工工程分级见表E-1。

表E-1　　　　　　　　　岩土施工工程分级

等级	分类	岩土名称及特征	钻1m所需时间			岩石饱和单轴抗压强度（MPa）	开挖方法
			液压凿岩台车、潜孔钻机（净钻分钟）	手持风枪湿式凿岩合金钻头（净钻分钟）	双人打眼（工日）		
I	松土	砂类土、种植土、未经压实的填土	—	—	—	—	用铁锹挖、脚蹬一下到底的松散土层、机械能全部直接铲挖、普通装载机可满载
II	普通土	坚硬的、硬塑和软塑的粉质黏土、硬塑和软塑的黏土，膨胀土，粉土，Q_3、Q_4黄土，稍密、中密的细角砾土、细圆砾土、松散的粗角砾土、碎石土、粗圆砾土、卵石土，压密的填土，风积沙	—	—	—	—	部分用镐刨松、再用锹挖，脚蹬连蹬数次才能挖动的。挖掘机、带齿尖口装载机可满载，普通装载机可直接铲挖，但不能满载
III	硬土	坚硬的黏性土、膨胀土，Q_1、Q_2黄土，稍密、中密粗角砾土、碎石土、粗圆砾土、碎石土，密实的细圆砾土、细角砾土、各种风化成土状的岩石	—	—	—	—	必须用镐先全部松动才能用锹挖。挖掘机、带齿尖口装载机不能满载、大部分采用松土器松动方能铲挖装载
IV	软质岩	块石土、漂石土、含块石、漂石30%~50%的土及密实的碎石土、粗角砾土、卵石土、粗圆砾土；岩盐，各类较软岩、软岩及成岩作用差的岩石：泥质砾岩、煤、凝灰岩、云母片岩、千枚岩	—	<7	<0.2	<30	部分用撬棍及大锤开挖或挖掘机、单钩裂土器松动，部分需借助液压冲击镐解碎或部分采用爆破方法开挖
V	次坚石	各种硬质岩：硅质页岩、钙质岩、白云岩、石灰岩、泥灰岩、玄武岩、片岩、片麻岩、正长岩、花岗岩	≤10	7~20	0.2~1.0	30~60	能用液压冲击镐解碎，大部分需用爆破法开挖

续表

等级	分类	岩土名称及特征	钻 1m 所需时间			岩石饱和单轴抗压强度（MPa）	开挖方法
			液压凿岩台车、潜孔钻机（净钻分钟）	手持风枪湿式凿岩合金钻头（净钻分钟）	双人打眼（工日）		
VI	坚石	各种极硬岩：硅质砂岩、硅质—砾岩、石灰岩、石英岩、大理岩、玄武岩、闪长岩、花岗岩、角岩	>10	>20	>1.0	>60	可用液压冲击镐解碎，需用爆破法开挖

注　1. 软土（软黏性土、淤泥质土、淤泥、泥炭质土、泥炭）的施工工程分级，一般可定为 II 级，多年冻土一般可定为 IV 级。

　　2. 表中所列岩石均按完整结构岩体考虑，若岩体极破碎、节理很发育或强风化时，其等级应按表对应岩石的等级降低一个等级。

　　3. 摘自《城市轨道交通岩土工程勘察规范》（GB 50307—2012）附录 F。

附录F 岩溶发育程度分级

岩溶发育程度分级见表F-1。

表F-1   岩溶发育程度分级

岩溶发育程度 等级	岩溶点密度 （个/km²）	钻孔线溶率 （%）	场地岩溶现象
极强烈发育	>50	>10	地表常见密集的岩溶洼地、漏斗、落水洞、槽谷、石林等多种岩溶形态，溶蚀基岩面起伏剧烈；或地下岩溶形态常见大规模溶洞、暗河及大型溶洞群分布
强烈发育	30～50	5～10	地表常见密集的岩溶洼地、漏斗、落水洞等多种岩溶形态，石芽（石林）、溶沟（槽）发育（或覆盖），溶蚀基岩面起伏较大；或地下岩溶形态以较小规模溶洞为主
中等发育	3～30	1～5	地表常见岩溶洼地、漏斗、落水洞等多种岩溶形态或岩溶泉出露，石芽（石林）、溶沟（槽）发育（或覆盖），溶蚀基岩面起伏较大；或地下岩溶形态以较小规模溶洞为主
微弱发育	<3	<1	地表偶见漏斗、落水洞、石芽、溶沟等岩溶形态或岩溶泉出露，溶蚀基岩面起伏较小；或地下岩溶以溶隙为主，偶见小规模溶洞

注   1. 当同时符合表中某一等级的两项条件时即可判定为相应等级；

     2. 表中洞径规模判定标准为：洞径大于6m为大规模，洞径3～6m为较大规模，洞径1～3m为较小规模，洞径小于1m为小规模；

     3. 表中溶蚀基岩面起伏程度判定标准为：每10m×10m平面范围内，溶蚀基岩面高差大于10m为起伏剧烈，高差5～10m为起伏大，高差2～5m为起伏较大，高差小于2m为起伏较小；

     4. 当无钻探资料时，可根据测绘资料进行初步判断；

     5. 摘自《火力发电厂岩土工程勘察规范》（GB/T 51031）。

附录 G　各类土的分类与鉴定

各类土的分类与鉴定详见表 G–1～表 G–10，本附录表格均摘自《岩土工程勘察规范》（GB 50021）。

表 G–1　　　　　岩石坚硬程度分类

坚硬程度	坚硬岩	较硬岩	较软岩	软岩	极软岩
饱和单轴抗压强度（MPa）	$f_r>60$	$60 \geqslant f_r>30$	$30 \geqslant f_r>15$	$15 \geqslant f_r>5$	$f_r \leqslant 5$

注　1. 当无法取得饱和单轴抗压强度数据时，可用点荷载试验强度换算，换算方法按《工程岩体分级标准》（GB 50218）执行；
　　2. 当岩体完整程度为极破碎时，可不进行坚硬程度分类。

表 G–2　　　　　岩体完整程度分类

完整程度	完整	较完整	较破碎	破碎	极破碎
完整性指数	>0.75	0.75～0.55	0.55～0.35	0.35～0.15	<0.15

注　完整性指数为岩体压缩波速度与岩块压缩波速度之比的平方，选定岩体和岩块测定波速时，应注意其代表性。

表 G–3　　　　　岩体基本质量等级分类

坚硬程度＼完整程度	完整	较完整	较破碎	破碎	极破碎
坚硬岩	Ⅰ	Ⅱ	Ⅲ	Ⅳ	Ⅴ
较硬岩	Ⅱ	Ⅲ	Ⅳ	Ⅳ	Ⅴ
较软岩	Ⅲ	Ⅳ	Ⅳ	Ⅴ	Ⅴ
软岩	Ⅳ	Ⅳ	Ⅴ	Ⅴ	Ⅴ
极软岩	Ⅴ	Ⅴ	Ⅴ	Ⅴ	Ⅴ

表 G－4 岩 层 厚 度 分 类

层厚分类	单层厚度 h（m）	层厚分类	单层厚度 h（m）
巨厚层	$h>1.0$	中厚层	$0.5>h>0.1$
厚层	$1.0\geq h>0.5$	薄层	$h\leq0.1$

表 G－5 碎石土密实度按 $N_{63.5}$ 分类

重型动力触探锤击数 $N_{63.5}$	密实度	重型动力触探锤击数 $N_{63.5}$	密实度
$N_{63.5}\leq5$	松散	$10<N_{63.5}\leq20$	中密
$5<N_{63.5}\leq10$	稍密	$N_{63.5}>20$	密实

注　本表适用于平均粒径等于或小于 50mm，且最大粒径小于 100mm 的碎石土。对于平均粒径大于 50mm，或最大粒径大于 100mm 的碎石土，可用超重型动力触探或用野外观察鉴别。

表 G－6 碎石土密实度按 N_{120} 分类

超重型动力触探锤击数 N_{120}	密实度	超重型动力触探锤击数 N_{120}	密实度
$N_{120}\leq3$	松散	$11<N_{120}\leq14$	密实
$3<N_{120}\leq6$	稍密	$N_{120}>14$	很密
$6<N_{120}\leq11$	中密		

表 G－7 砂 土 密 实 度 分 类

标准贯入锤击数 N	密实度	标准贯入锤击数 N	密实度
$N\leq10$	松散	$15<N\leq30$	中密
$10<N\leq15$	稍密	$N>30$	密实

表 G－8 粉 土 的 密 实 度 分 类

孔隙比 e	密实度
$e<0.75$	密实
$0.75\leq e\leq0.90$	中密
$e>0.9$	稍密

注　当有经验时，也可用原位测试或其他方法划分粉土的密实度。

表 G-9　　　　　　　　粉土湿度分类

含水量 w	湿度
$w<20$	稍湿
$20\leqslant w\leqslant 30$	湿
$w>30$	很湿

表 G-10　　　　　　　　黏性土状态分类

液性指数	状态	液性指数	状态
$I_L\leqslant 0$	坚硬	$0.75<I_L\leqslant 1$	软塑
$0<I_L\leqslant 0.25$	硬塑	$I_L>1$	流塑
$0.25<I_L\leqslant 0.75$	可塑		

附录 H 水 土 腐 蚀 性 评 价

H1 受环境类型影响，水和土对混凝土结构的腐蚀性，应符合表 H-1 的规定；场地环境类型的划分按表 H-5 执行。

表 H-1　　　按环境类型水和土对混凝土结构的腐蚀性评价

腐蚀等级	腐蚀介质	环境类型		
		I	II	III
微 弱 中 强	硫酸盐含量 SO_4^{2-} （mg/L）	<200 200～500 500～1500 >1500	<300 300～1500 1500～3000 >3000	<500 500～3000 3000～6000 >6000
微 弱 中 强	镁盐含量 Mg^{2+} （mg/L）	<1000 1000～2000 2000～3000 >3000	<2000 2000～3000 3000～4000 >4000	<3000 3000～4000 4000～5000 >5000
微 弱 中 强	铵盐含量 NH_4^+ （mg/L）	<100 100～500 500～800 >800	<500 500～800 800～1000 >1000	<800 800～1000 1000～1500 >1500
微 弱 中 强	苛性碱含量 OH^- （mg/L）	<35 000 35 000～43 000 43 000～57 000 >57 000	<43 000 43 000～57 000 57 000～70 000 >70 000	<57 000 57 000～70 000 70 000～100 000 >100 000
微 弱 中 强	总矿化度 （mg/L）	<10 000 10 000～20 000 20 000～50 000 >50 000	<20 000 20 000～50 000 50 000～60 000 >60 000	<50 000 50 000～60 000 60 000～70 000 >70 000

注　1. 表中的数值适用于有干湿交替作用的情况，I、II 类腐蚀环境无干湿交替作用时，表中硫酸盐含量数值应乘以 1.3 的系数；

　　2. 表中数值适用于水的腐蚀性评价，对土的腐蚀性评价，应乘以 1.5 的系数；单位以 mg/kg 表示；

　　3. 表中苛性碱（OH^-）含量（mg/L）应为 NaOH 和 KOH 中的 OH^-含量（mg/L）。

H2 受地层渗透性影响，水和土对混凝土结构的腐蚀性评价，应符合表 H-2 的规定。

表 H-2　　　　按地层渗透性水和土对混凝土结构的腐蚀性评价

腐蚀等级	pH 值		侵蚀性 CO₂（mg/L）		HCO₃⁻（mmol/L）
	A	B	A	B	A
微	>5.0	>5.0	<15	<30	>1.0
弱	5.0~4.0	5.0~4.0	15~30	30~60	1.0~0.5
中	4.0~3.5	4.0~3.5	30~60	60~100	<0.5
强	<4.0	<3.5	>60	—	—

注　1. 表中 A 是指直接临水或强透水层中的地下水；B 是指弱透水层中的地下水。强透水层是指碎石土和砂土；弱透水层是指粉土和黏性土。

　　2. HCO₃⁻含量是指水的矿化度低于 0.1g/L 的软水时，该类水质 HCO₃⁻的腐蚀性。

　　3. 土的腐蚀性评价只考虑 pH 值指标；评价其腐蚀性时，A 是指强透水土层；B 是指弱透水土层。

H3　当按表 H-1 和表 H-2 评价的腐蚀等级不同时，应按下列规定综合评定：

（1）腐蚀等级中，只出现弱腐蚀，无中等腐蚀或强腐蚀时，应综合评价为弱腐蚀。

（2）腐蚀等级中，无强腐蚀；最高为中等腐蚀时，应综合评价为中等腐蚀。

（3）腐蚀等级中，有一个或一个以上为强腐蚀，应综合评价为强腐蚀。

H4　水和土对钢筋混凝土结构中的钢筋的腐蚀性评价，应符合表 H-3 规定。

表 H-3　　　　对钢筋混凝土结构中钢筋的腐蚀性评价

腐蚀等级	水中的 Cl⁻含量（mg/L）		土中的 Cl⁻含量（mg/kg）	
	长期浸水	干湿交替	A	B
微	<10 000	<100	<400	<250
弱	10 000~20 000	100~500	400~750	250~500
中	—	500~5000	750~7500	500~5000
强	—	>5000	>7500	>5000

注　A 是指地下水位以上的碎石土、砂土，稍湿的粉土，坚硬、硬塑的黏性土；B 是湿、很湿的粉土，可塑、软塑、流塑的黏性土。

H5　土对钢结构的钢筋的腐蚀性评价，应符合表 H-4 规定。

表 H–4　　　　　　　　　　土对钢结构腐蚀性评价

腐蚀等级	pH	氧化还原电位（mV）	视电阻率（Ω·m）	极化电流密度（mA/cm^2）	质量损失（g）
微	>5.5	>400	>100	<0.02	<1
弱	5.5~4.5	400~200	100~50	0.02~0.05	1~2
中	4.5~3.5	200~100	50~20	0.05~0.20	2~3
强	<3.5	<100	<20	>0.20	>3

注　土对钢结构的腐蚀性评价，取各指标中腐蚀等级最高者。

H6　水、土对建筑材料腐蚀的防护，应符合《工业建筑防腐蚀设计规范》（GB 50046）的规定。

H7　场地环境类型的分类应符合表 H–5 规定。

表 H–5　　　　　　　　　场 地 环 境 类 型

环境类型	场地环境地质条件
I	高寒区、干旱区直接临水；高寒区、干旱区强透水层中的地下水
II	高寒区、干旱区弱透水层中的地下水；各气候区湿、很湿的弱透水层湿润区直接临水；湿润区强透水层中的地下水
III	各气候区稍湿的弱透水层；各气候区地下水位以上的强透水层

注　1. 高寒区是指海拔等于或大于 3000m 的地区；干旱区是指海拔小于 3000m，干燥度指数 K 值等于或大于 1.5 的地区；湿润区是指干燥度指数 K 值小于 1.5 的地区。

2. 强透水层是指碎石土和砂土；弱透水层是指粉土和黏性土。

3. 含水量 w<3%的土层，可视为干燥土层，不具有腐蚀环境条件；

3A 当混凝土结构一边接触地面水或地下水，一边暴露在大气中，水可以通过渗透或毛细作用在暴露大气中的一边蒸发时，应定为 I 类。

4. 当有地区经验时，环境类型可根据地区经验划分；当同一场地出现两种环境类型时，应根据具体情况选定。

附录 I 湿陷性黄土地基的湿陷等级

湿陷性黄土地基的湿陷等级见表 I-1。

表 I-1 湿陷性黄土地基的湿陷等级

场地湿陷类型 Δ_{zs} (mm) Δ_s (mm)	非自重湿陷性场地 $\Delta_{zs} \leqslant 70$	自重湿陷性场地	
		$70 < \Delta_{zs} \leqslant 350$	$\Delta_{zs} > 350$
$50 < \Delta_s \leqslant 100$	I（轻微）	I（轻微）	II（中等）
$100 < \Delta_s \leqslant 300$		II（中等）	
$300 < \Delta_s \leqslant 700$	II（中等）	II（中等）或 III（严重）	III（严重）
$\Delta_s > 700$	II（中等）	III（严重）	IV（很严重）

注 1. 对于 $70 < \Delta_{zs} \leqslant 350$、$300 < \Delta_s \leqslant 700$ 一档的划分，当湿陷量的计算值 $\Delta_s > 600$、自重湿陷量的计算值 $\Delta_{zs} > 300$ 时，可判为 III 级，其他情况可判为 II 级。

  2. 摘自《湿陷性黄土地区建筑标准》（GB 50025）。

附录 J 桩基础设计参数

当根据土的物理指标与承载力参数之间的经验关系确定单桩竖向极限承载力标准值时，宜按下列公式估算

$$Q_{uk} = Q_{sk} + Q_{pk} = u \sum q_{sik} l_i + q_{pk} A_p$$

式中：q_{sik} 为桩侧第 i 层土的极限侧阻力标准值，如无当地经验时，可按表 J-1 取值；q_{pk} 为极限端阻力标准值，如无当地经验时，可按表 J-2 取值。

表 J-1 桩的极限侧阻力标准值 q_{sik} (kPa)

土的名称	土的状态		混凝土预制桩	泥浆护壁钻（冲）孔桩	干作业钻孔桩
填土			22～30	20～28	20～28
淤泥			14～20	12～18	12～18
淤泥质土			22～30	20～28	20～28
黏性土	流塑	$I_L > 1$	24～40	21～38	21～38
	软塑	$0.75 < I_L \leq 1$	40～55	38～53	38～53
	可塑	$0.50 < I_L \leq 0.75$	55～70	53～68	53～66
	硬可塑	$0.25 < I_L \leq 0.50$	70～86	68～84	66～82
	硬塑	$0 < I_L \leq 0.25$	86～98	84～96	82～94
	坚硬	$I_L \leq 0$	98～105	96～102	94～104
红黏土	$0.7 < a_w \leq 1$		13～32	12～30	12～30
	$0.5 < a_w \leq 0.7$		32～74	30～70	30～70
粉土	稍密	$e > 0.9$	26～46	24～42	24～42
	中密	$0.75 \leq e \leq 0.9$	46～66	42～62	42～62
	密实	$e < 0.75$	66～88	62～82	62～82
粉细砂	稍密	$10 < N \leq 15$	24～48	22～46	22～46
	中密	$15 < N \leq 30$	48～66	46～64	46～64
	密实	$N > 30$	66～88	64～86	64～86
中砂	中密	$15 < N \leq 30$	54～74	53～72	53～72
	密实	$N > 30$	74～95	72～94	72～94

续表

土的名称	土的状态		混凝土预制桩	泥浆护壁钻（冲）孔桩	干作业钻孔桩
粗砂	中密 密实	$15 < N \leqslant 30$ $N > 30$	$74 \sim 95$ $95 \sim 116$	$74 \sim 95$ $95 \sim 116$	$76 \sim 98$ $98 \sim 120$
砾砂	稍密 中密（密实）	$5 < N_{63.5} \leqslant 15$ $N_{63.5} > 15$	$70 \sim 110$ $116 \sim 138$	$50 \sim 90$ $116 \sim 130$	$60 \sim 100$ $112 \sim 130$
圆砾、角砾	中密、密实	$N_{63.5} > 10$	$160 \sim 200$	$135 \sim 150$	$135 \sim 150$
碎石、卵石	中密、密实	$N_{63.5} > 10$	$200 \sim 300$	$140 \sim 170$	$150 \sim 170$
全风化软质岩		$30 < N \leqslant 50$	$100 \sim 120$	$80 \sim 100$	$80 \sim 100$
全风化硬质岩		$30 < N \leqslant 50$	$140 \sim 160$	$120 \sim 140$	$120 \sim 150$
强风化软质岩		$N_{63.5} > 10$	$160 \sim 240$	$140 \sim 200$	$140 \sim 220$
强风化硬质岩		$N_{63.5} > 10$	$220 \sim 300$	$160 \sim 240$	$160 \sim 260$

注 1. 对于尚未完成自重固结的填土和以生活垃圾为主的杂填土，不计算其侧阻力；

2. a_w 为含水比，$a_w = w/w_l$，w 为土的天然含水量，w_l 为土的液限；

3. N 为标准贯入击数；$N_{63.5}$ 为重型圆锥动力触探击数；

4. 全风化、强风化软质岩和全风化、强风化硬质岩系指其母岩分别为 $f_{rk} \leqslant 15MPa$、$f_{rk} > 30MPa$ 的岩石。

表 J−2　　桩的极限端阻力标准值 q_{pk}　　(kPa)

土名称	桩型土的状态	混凝土预制桩桩长 l (m)				泥浆护壁钻(冲)孔桩桩长 l (m)				干作业钻孔桩桩长 l (m)		
		$l≤9$	$9<l≤16$	$16<l≤30$	$l>30$	$5≤l<10$	$10≤l<15$	$15≤l<30$	$l≥30$	$5≤l<10$	$10≤l<15$	$l≥15$
黏性土	软塑 $0.75<I_L≤1$	210~850	650~1400	1200~1800	1300~1900	150~250	250~300	300~450	300~450	200~400	400~700	700~950
	可塑 $0.50<I_L≤0.75$	850~1700	1400~2200	1900~2800	2300~3600	350~450	450~600	600~750	750~800	500~700	800~1100	1000~1600
	硬可塑 $0.25<I_L≤0.50$	1500~2300	2300~3300	2700~3600	3600~4400	800~900	900~1000	1000~1200	1200~1400	850~1100	1500~1700	1700~1900
	硬塑 $0<I_L≤0.25$	2500~3800	3800~5500	5500~6000	6000~6800	1100~1200	1200~1400	1400~1600	1600~1800	1600~1800	2200~2400	2600~2800
粉土	中密 $0.75≤e≤0.9$	950~1700	1400~2100	1900~2700	2500~3400	300~500	500~650	650~750	750~850	800~1200	1200~1400	1400~1600
	密实 $e<0.75$	1500~2600	2100~3000	2700~3600	3600~4400	650~900	750~950	900~1100	1100~1200	1200~1700	1400~1900	1600~2100
粉砂	稍密 $10<N≤15$	1000~1600	1500~2300	1900~2700	2100~3000	350~500	450~600	600~700	650~750	500~950	1300~1600	1500~1700
	中密、密实 $N>15$	1400~2200	2100~3000	3000~4500	3800~5500	600~750	750~950	900~1100	1100~1200	900~1000	1700~1900	1700~1900
细砂	中密、密实 $N>15$	2500~4000	3600~5000	4400~6000	5300~7000	650~850	900~1200	1200~1500	1500~1800	1200~1600	2000~2400	2400~2700
中砂	中密、密实 $N>15$	4000~6000	5500~7000	6500~8000	7500~9000	850~1050	1100~1500	1500~1900	1900~2100	1800~2400	2800~3800	3600~4400

续表

土名称	桩型土的状态		混凝土预制桩桩长 l（m）				泥浆护壁钻（冲）孔桩桩长 l（m）				干作业钻孔桩桩长 l（m）		
			$l\leq9$	$9<l\leq16$	$16<l\leq30$	$l>30$	$5\leq l<10$	$10\leq l<15$	$15\leq l<30$	$l\geq30$	$5\leq l<10$	$10\leq l<15$	$l\geq15$
粗砂	中密、密实	$N>15$	5700～7500	7500～8500	8500～10000	9500～11000	1500～1800	2100～2400	2400～2600	2600～2800	2900～3600	4000～4600	4600～5200
砾砂		$N>15$	6000～9500		9000～10500		1400～2000		2000～3200		3500～5000		
角砾、圆砾	中密、密实	$N_{63.5}>10$	7000～10000		9500～11500		1800～2200		2200～3600		4000～5500		
碎石、卵石		$N_{63.5}>10$	8000～11000		10500～13000		2000～3000		3000～4000		4500～6500		
全风化软质岩	$30<N\leq50$		4000～6000				1000～1600				1200～2000		
全风化硬质岩	$30<N\leq50$		5000～8000				1200～2000				1400～2400		
强风化软质岩	$N_{63.5}>10$		6000～9000				1400～2200				1600～2600		
强风化硬质岩	$N_{63.5}>10$		7000～11000				1800～2800				2000～3000		

注：1. 砂土和碎石类土中桩的极限端阻力取值，宜综合考虑土的密实度，桩端进入持力层的深径比 h_b/d，土愈密实，h_b/d 愈大，取值愈高。

2. 预制桩的岩石极限端阻力指桩端支承于中、微风化基岩表面或进入强风化岩、软质岩一定深度条件下极限端阻力。

3. 全风化、强风化软质岩和全风化、强风化硬质岩指其母岩分别为 $f_{rk}\leq15MPa$、$f_{rk}>30MPa$ 的岩石。

附录 K　输变电工程勘测成果
规范性控制表

输变电工程因其设计方案、建设规模不同，所需提交的勘测成果报告深度不同，表 K–1 明确了各工程在初步设计与施工图设计阶段需提交的勘测成果。

表 K–1　　各工程在初步设计与施工图设计阶段需提交的勘测成果

工程类型		具体情况		勘测成果要求			
				岩土工程勘察报告	水文报告	气象报告	物探（土壤电阻率）报告
变电站	新建	户内站		√	√	√	√
		户外站		√	√	√	√
	增容	户内站	建设单体在建筑楼板之上，不直接以天然地基做基础	○	○	○	√
			建设单体设立在天然地基上	√	○	○	√
		户外站	建设单体设立在天然地基上	√	√	√	√
	扩建	户内站	建设单体设立在建筑楼板之上，不直接以天然地基做基础	○	○	○	√
			建设单体设立在天然地基上	√	○	○	√
		户外站	建设单体设立在天然地基上	√	√	√	√
线路	电缆	与其他线路共仓，无新建		×	×	×	×
		有新建电缆沟或电缆隧道		√	√	○	√
	架空线路			√	√	√	√

注　√表示应编制；○表示需要时编制；×不需编制。

参 考 文 献

[1]《电力工程设计手册》编委会. 岩土工程勘察设计 [M]. 北京：中国电力出版社，2019.

[2]《工程地质手册》编委会. 工程地质手册 [M]. 4版. 北京：中国建筑工业出版社，2007.

[3] 张殿生. 电力工程高压送电线路设计手册 [M]. 2版. 北京：中国电力出版社，2003.

[4] 葛春辉. 顶管工程设计与施工 [M]. 北京：中国建筑工业出版社，2012.